服装评论

FUZHUANG
PINGLUN

■ 李超德　张蓓蓓 · 著

重庆大学出版社

图书在版编目(CIP)数据

服装评论／李超德,张蓓蓓著.--重庆:重庆大学出版社,2011.4(2021.2重印)
ISBN 978-7-5624-5817-3

Ⅰ.服…　Ⅱ.①李…　②张…　Ⅲ.①服装—评论
Ⅳ.①TS941.1

中国版本图书馆 CIP 数据核字(2010)第 235985 号

服装评论

李超德　张蓓蓓　著

责任编辑:周　晓　黄　岩　　版式设计:周　晓
责任校对:谢　芳　　　　　　责任印制:赵　晟

*

重庆大学出版社出版发行
出版人:饶帮华
社址:重庆市沙坪坝区大学城西路 21 号
邮编:401331
电话:(023)88617190　88617185(中小学)
传真:(023)88617186　88617166
网址:http://www.cqup.com.cn
邮箱:fxk@ cqup.com.cn(营销中心)
全国新华书店经销
POD:重庆新生代彩印技术有限公司

*

开本:787mm×1092mm　1/16　印张:12.5　字数:196 千
2011 年 4 月第 1 版　　2021 年 2 月第 2 次印刷
ISBN 978-7-5624-5817-3　定价:38.00 元

从设计批评到服装评论(代序)

(一)

设计作为集科学性、技术性、艺术性于一体的创造性活动,它是人类改造世界的物质表征和行为过程。设计批评作为衍生于设计的人类思维领域的人文活动,在国际上已成为对设计产品的思想内容、功能和形式进行理性评价、判断和分析的科学活动,已经成为当代西方公众舆论对工业产品进行矫正的监督机制。

在我国,电视、网络、报刊都开设了大量的评论栏目,促进了设计批评事业的发展。甚至"旅游卫视"都开设《创意空间》栏目,对建筑、城市规划等大众生活空间给予推介与评价。更有如《新视线》《名牌》等综合性精英杂志,发表了大量有审美视野、学术视野的评论文章与图片,给大众生活以精神陶冶和生活引导。但是,我们也必须看到,设计批评从理论构建、批评意识到批评实践,仍然没有引起学术界的重视。甚至在社会科学与人文科学的学术结构中,"设计艺术"都没有真正被纳入学术视野。

设计批评是紧随着设计学研究的。设计学研究包括了设计史、设计理论和设计批评三个重要组成部分。国内设计史研究,最早脱胎于工艺美术史和装饰艺术史的归纳与分析,并在20世纪80年代初期引入了西方工业设计史和西方工艺美术史的相关内容。经过近三十年的努力形成了设计史研究的基本框架。在西方,传统意义上的设计理论一直为美术和建筑的学科理论所包容。在中国,除去齐人所著《考工记》、宋代李诚的《营造法式》和明代周嘉胄、宋应星、计成所著的《装潢志》《天工开物》《园冶》等一系列古代著作外,现代意义上的设计理论直到20世纪二三十年代才开始引起学界关注。前辈学者陈之佛、姜丹书、庞薰琹、雷圭元,乃至邓白、张道一等从图画手工、手工艺、民艺、图案学角度阐述了许多图案学理论和早期带有现代意识的造物设计理论。如果说将20世纪三四十年代中国现代建筑设计的先驱吕彦直、刘敦桢、梁思成、童寯、杨廷宝等先生对建筑设计的理论贡献也纳入设计理论研究范畴的话,建筑设计理论则比由图案学引伸而来的艺术设计理论更早体现了设计理论的现代性和科学性。近二三十年来,许多老、中、青学者从"包豪斯"、文丘里、詹克斯等理论书籍中得到启发,将设计学从原来重视技法层面的研究推进到更注重设计原理、设计伦理、设计文化、设计美学的理论层面,从而提升了设计学研究的学术层次。

(二)

设计批评与设计史、设计理论是不可分割的有机组成部分。设计史学者的工作建立在批评判断之上,而设计批评家的工作基础则在于设计史的常识和经验。设计史家关注的是历史,设计批评家关注的是当代设计产品。就设计批评的现状而言,诸葛铠、张朋川、翟墨、王受之、许平、杭间、徐恒醇、凌继尧、李砚祖、黄河清、刘道广、张夫也等一大批学者分别从设计思想史、设计管理、设计伦理、设计文化等方面,对设计批评理论作出了贡献。他们的许多观点和见解对构建现代设计批评理论体系起到了重要作用。面对设计批评实践,有学者将当代设计批评定格在"无为"状态,对丰富多彩的设计产品和设计作品缄默无语,或者是处在"盲从"的境地。由此可见,作为以工业文明为基础构建起的现代设计理论,设计批评理论还存留着巨大的研究空间。特别是对设计批评学科性质的理解、对设计批评史观的历史追溯、对设计批评主体与客体的认识,以及对设计批评意识与审美价值的判断还有待理论工作者进一步探索。

就设计批评重要性认识而言，设计批评引起了设计学界的关注。在《设计概论》等相关教科书中已经将设计批评独辟章节加以阐述。譬如，尹定邦先生早在"九五"期间所著的《设计学概论》中就已论述了设计批评，为后来者提供了有益启示。最近几年，一些中青年学者开始重视设计批评的理论建设，以论文、谈话、演讲等形式发表了许多富有学术理性的论点，为设计批评理论研究奠定了思想基础。《装饰》、《美术观察》、《美术与设计》等学术刊物以及相关大学学报发表了一些设计批评文章，出版了一些论文集、设计随笔，更有甚者还专门召开了设计批评的理论研讨会，开辟"设计批评"的网站，倡导和宣传设计批评。所有这些理论和实践都为我们从事设计批评研究提供了理论借鉴。

（三）

设计批评研究以设计审美理论为主要学术支撑，结合了设计伦理、设计文化、市场营销和消费理论，期望以科学的态度，在纷繁复杂的理论观点中，比较系统地总结和归纳"设计批评"的理论体系，从而能够弥补设计学理论中"设计批评"研究的不足，进而对设计学理论进行有益的补充。

作为一名艺术设计理论工作者，我自 2002 年完成《设计美学》书稿并得以出版以后，主要的研究兴趣开始转移到"设计批评"研究上来。开始思考设计批评的学术定义和目的与任务，探索如何构建设计批评研究的理论框架。通常情况下，我们所说的设计批评的主要任务是：针对设计产品和作品，科学地运用相关理论，特别是设计审美理论，作出科学的评价与判断。即运用一定的设计史、设计原理、设计审美等理论观点，选择各种各样的评价方式，对产品和设计作品的使用功能、形式特征、风格特点以及文化内涵，加以分析和评论。对设计师的成就、设计过程进行评价。对涉及产品的科学与技术、艺术与技术、设计欣赏以及设计市场等问题进行评述。对当代设计思潮、设计观念加以剖析与批评。设计批评研究力图运用设计美学、设计文化学、设计社会学、设计伦理学的相关理论,对涉及设计批评的相关理论进行必要的归纳与整理,在此基础上,梳理出设计批评理论研究的基本内容,并作出比较有说服力的结论。它的重点是如何从设计批评的学科性质入手,分析设计史、设计理论、设计实践和设计批评的关系,整理出中西方设计批评理论的历史线索,对设计批评的主体和客体、设计批评的方式方法与分类、设计批评的观念与价值判断、设计批评的当代性与新价值以及设计批评的文本范式进行论述,从而理清设计批评的理论体系。

但是,真正切入其中,方觉得如此庞杂的体系,要想理清是难乎其难。遇到的难点非常多。譬如,如何突破原有艺术设计和工艺美术范畴的研究思路,以大设计视角,打破建筑设计、工业设计及日用品设计在理论认识上的隔膜,从"重术"到"重学",真正整理出符合设计规律的设计批评学术理论研究体系。所有这些难题,既是我学术研究亟待解决攻克的堡垒,又是我学术研究的动力。

(四)

当我的研究思路出现迷惘之时,我又回归服装评论,期望通过服装评论的个案能够触及设计批评最基础、最本质的东西。因为,服装作为设计产品似乎还不同于一般设计产品。它既有设计产品的共性特征,又有服装产品流行的个性特点。美国服装评论家珍妮弗·克雷克在《时装的面貌》一书所引用的一句话让我印象深刻。她说"服装是一种压迫工具,一种与穷人为敌的武器。它们被用来告诉人们衣着豪华的人,不仅不同于其他人,而且由于其财富而胜过其他人。这些人穿在身上的衣服表明他们在智力、道德和社会地位方面的优越性。"[①]从这句话中,领略出两层含义:其一,服装(时装)不是那么大众的;其二,时装被认为同权力相关。从中可以看出对服装的评论实际上已经可以囊括社会文化的方方面面。

服装评论可以说是目前国内设计批评最为活跃的分支,

---

①珍妮弗·克雷克.时装的面貌[M].舒允中,译.北京:中央编译出版社,1984.

单是时尚媒体就超过了一般设计领域的专业刊物,它的大众性和普及性是不言而喻的,它与大众生活的契合度是其他设计产品无法比拟的。可以这么说,服装评论让我从一扇小窗窥探到了设计批评所要研究的所有方面。服装评论的特殊性除上述的表达之外,似乎还有许多是不为人所重视的。我认识许多学者,他们各有风范,但要让一位学者写好一篇切合现实的评论,却不这么容易。学者不缺少知识积累和人文修养。评论需要当代性,需要现实的体验,一旦理论与实践相脱离之时,对当代性的评述就可能出现误差。服装评论尤其如此,不能想象,一位从不关心设计流行的学者,可以写出符合时代潮流并给予正确引导的评论文章?正由于服装强调时尚潮流,而时尚潮流稍纵即逝,不可能留有足够的时间考证与考据,然后得出缜密的结论。貌似轻松的设计话题之外,实际上是对当代设计潮流的研究与评论,因此评论同样具有强烈的学术意义,它挖掘的是潜在的学术价值。设计学的构建我曾经给予它"车之两轮,鸟之两翼"的提法。鸟的主体是设计实践,鸟的一翼是古代理论,鸟的另一翼则是当代理论,缺一不可。清初李渔是玩家,今天看来有点放荡不羁。但他写的《闲性偶寄》,当时不过是记录生活情态的杂著,今天却已成为研究设计史的重要著作。书中对妇女服饰穿着的描述,成了考据清早期服饰审美的重要资料。因此,服装的评论离不开时代生活的体验。

服装评论既不是小女人状的无病呻吟,也不是放荡之辈的情色描写。服装评论作为设计批评的重要组成部分,它既有严肃的学术要求,又有服装评论特性所决定的闲适心情。而且随着大众时尚媒体的发展,涉及多个领域的广义的服装评论必将会带来大的繁荣和大的发展。

李超德

2009. 6. 17 写在姑苏儒丁堂

目　录

第一章 "闲情偶记"
——服装评论的历史溯源与现状

人人要穿衣,人人有穿衣的心得,人人可以对服饰发表自己的见解。关于服装评论,虽说不上是高深莫测的"显学",但也不能沦落为街头小报上的"下作"文字。服装评论由于贴近大众,正成为传播领域的时髦写作形式与传播形式。原本以纸介质为主的应用性文体,随着科技进步,服装评论正摆脱单一视角向多载体的综合性方向发展。然而,当我们将服装评论视为一项贴近民众的应用性文体来研究之时,我们又不得不以学术的视野,对其历史脉动和生成发展进行科学缜密的梳理,从而构建起学术研究的逻辑框架。

第一节 服装评论的历史脉动

一、服装评论是既古老又年轻的学问

服装评论作为西方化写作文体,自 20 世纪初进入中国,在一个多世纪的历史沉浮中,或热闹非凡,或沉寂无声。作为应用性的写作形式,从以书刊平面媒体为主,发展到今天涵盖网络、电视等综合媒体,服装评论已经发展成多元化的文化事业。服装评论最先在西方得到了长足发展,近代工业文明,催生了依附于服装的宣传媒体,西方报刊的服装评论早在 19 世纪已趋于成熟。但从历史文献的角度看,西方自古埃及、古希腊、文艺复兴,乃至近代欧洲的崛起,服装评论和理论的文字散见于典章古籍中。尼罗河两岸、两河流域、古希腊罗马、古印度文明光照千古,大量的服装资料从墓室壁画、雕塑乃至工艺品的浮雕中随处可见。古希腊的先哲早已对美下过诸多定义,但要找到完整的关于服饰美的文字记载还是非常之难。在《圣经·旧约·创世纪篇》第三章里有一段关于服装起源的故事,书中记载始祖被蛇诱惑违背主命,"于是女人见那棵树的果

子好作食物,也悦人的眼目,且是可爱的,能使人有智慧,就摘下果子吃了。又给她丈夫,她丈夫也吃了。他们俩人的眼镜就明亮了,才知道自己是赤身裸体,便拿无花果树的叶子,为自己编做裙子"。《圣经》中的这则故事其实是希伯来人对服装起源的最初解释。然而相比之下,中国古代先人对服装起源和服装审美理论的论述却远比西方要早。被称之为"中国的设计始祖"的墨子,早在公元前4世纪就对服装的功能与审美进行了论述。所谓"衣必常暖然而求丽",成了服装是功能第一,还是审美第一的最好注解。由此可以看出,服装评论从理论溯源上说,它是一门古老的学问,从独立的审美活动上说,它又是一项非常年轻的事业。

二、中国历史典籍和文学作品中的服装评论

有关梳理服装评论历史脉络的书籍寥寥无几。包铭新先生在《时装评论教程》一书中说:"中国古代设计服饰的言论大多非常的严肃和沉重,和我们现在所见到的时装评论有很大的距离。但是这种对待服饰的态度,以及把服饰和道德精神结为一体的审美习惯对后来的时装评论的影响是显而易见的。"按照一般人的理解,服装评论该是一些风花雪月式的文字。然而,关于服饰的评述远在古代不会有今天这么轻松,甚至因为换装而要付出血的代价。我们追溯历史的脉动,既有宗法伦理的威严告诫,也有闲情雅致的轻声漫语。

从批评史的研究入手,服装评论似乎还未如文艺批评那样建立起独立的批评体系,它仍然是依附于服装产品的"衍生的写作形式"。然而,有关对服装的理论论述,不管它以什么样的姿态出现,却已经在历史的典籍与文学作品中展露端倪,让人们从政治等级、伦理道德、视觉审美等多角度了解古代先人对服装审美的评价。从他们评头论足的言语与文字中,为我们展现了一幅丰富多彩的历史人文画面。

服装评论反映的是时代美学精神,字里行间透露的是服饰审美意识和趣味,是人们在长期的和无数次的服装审美实践中所形成和积累起来的美感经验。一般认为讲究服饰制作始于五帝之时,而严格、缜密的服饰制度则形成于商,完善于周。而这些服饰典章就可以说是最早的广义上的服装评论文字。用追本溯源的学术精神去窥探服装评论的源流,恐怕要算最早见诸于文字的周代服饰制度。政治等级成为评价服饰穿着"美丑"的标准。《周礼》、《礼记》等典籍中要求贵族阶级因等级身份不同,其服饰各异;又因场合不同,其服饰各有区别,所有这些严格的规定,都构成了服装评价的标准,不得僭越与混用。西周取代商以后,建立了一套完整的以血缘家族观念为基础的宗法制度,规定了君、臣、民有上下尊卑之分,长幼亲疏之别,诸侯之间又有职位大小、高低之差,这就形成一种天子、诸侯、卿、大夫、士阶梯式的等级制度。衣冕的形式、质地、色彩、纹样、佩饰等都有严格的明文规定。从此,中国的服装就被纳入维护社会制度的礼法规则中,为保证上下尊卑的等级制度服务,披上了浓厚的中国文化色彩,形成了自己独有的文化特色。自从中国出现冠服制度以后,服装一直就是统治阶级"昭名分,辨等威"的工具。因此,代表着政治权力的人通过纺织品的纹样、服装的色彩以及不同等级穿戴就能表明他们的地位和身份。

在先秦时期的有关典籍与文章中,许多关于服饰穿戴的理论,可以说是服装审美理论的最早记载,也是服饰穿戴审美评价的依据。姜子牙在《太公六韬》中说:"夏桀殷纣之时,妇人锦绣文绮之坐食,衣以绫纨常三百人。"[①]说明当时的服饰刺绣规模已经很大。《书经》中"虞书·益稷篇"假托虞帝的话说:"予欲观古之象,日月星辰山龙华虫之会,宗彝藻火粉米绣,以五采彰施于五色,作服。"说明当时以自然界、动物的素材绘在衣上,以其纹饰达到某种审美效果和宗法礼仪意图。商周时期,北方许多地方成为纺织服装丝绸生产的中心,虽说文章典籍中有关服饰的描绘只是片言只语,但它是奴隶主贵族对服饰审美的评判依据。"衣作绣,锦为缘",乃至《礼记·玉藻》中所说:"古之君子必佩玉。右徵角,左宫羽。趋以'采齐',行以'肆夏'。周还中规,折还中矩,进则揖之,退则扬之,然后玉锵鸣也。故君子在车则闻鸾和之声,行则鸣佩玉,是以非辟之心无自入也。"《礼记·玉藻》中又说:"笏:天子以球玉,诸侯以象,大夫以鱼须文竹,士竹本象可也。"这种穿着的礼仪内容庞杂、仪节繁琐,"礼"虽然等级森严,但由于有着"血缘亲情"的温柔面纱,综合起来,玉佩叮咚,服饰仪容峨冠博带就带有一定的与艺术相类似的潜移默化、影响人们心理情感的审美属性。因此,充满着艺术评价和审美的诱因,引发出美感的觉悟。

有关服饰审美理论,由于有了孔孟学说的介入,进一步将服装理论上升为形式与内容讨论的哲学层面。孔孟学说要求一般士人

[①]关于《太公六韬》的成书年代,学界有许多不同解读。但依据考古发现的战国竹简中已有"六韬"内容。现在已经形成比较统一的看法,认为成书年代不晚于战国。

的服饰要文雅。服饰在礼的基础上要体现出儒家的文质彬彬、文道合一，不失君子风范。实际上孔孟倡导的是服饰装扮人格化。有一则故事，说学生子路穿了非常气派的衣服去见孔子，孔子大为不悦，斥责子路衣服太华丽，而且满脸得意的神色，如此天下还有谁肯向你提意见呢？子路听完赶紧换了合适的衣服，人也显得谦和多了。孔子曾经要求子桑伯子穿戴要讲究点文饰，却又批评子路穿戴太讲气派，听起来似乎是矛盾的。其实孔孟倡导的服饰审美观，正是表现在矛盾的统一之中。孔子说过一句名言："质胜文则野，文胜质则史，文质彬彬，然后君子"（《论语·雍也》）。在他看来，子桑伯子是"质胜文"，而子路盛服衿色是"文胜质"，都不符合他的审美要求。孔子这段话是就人的修养而言的，但反映出春秋战国时期的一种服装审美风尚。"质"是指人的内在品性、本色；"文"是指人的外表修饰，也可说是文采。他主张的"文质彬彬"，实际上是要达到本质与文采即服饰形式与人的本质内容的完善统一。时势变换，服饰之礼有时也被僭越。春秋战国诸侯割据，也有违背等级观念的事情发生。荀子在《荀子·荣辱》中说："人之情'都'衣欲有文绣。"说明人们追求文绣。但是不可能人人穿有文绣。如果穿文绣，就破坏了"贵贱有等，长幼有差，贫富轻重皆有称"的等级观。"故天子朱裷之冕，诸侯玄裷衣冕，大夫裨冕，士皮弁服"（《荀子·富国》）。"修冠弁衣裳，黼黻文章，雕琢刻镂，皆有等差"（《荀子·君道》）。由此可见，先秦的孔孟服饰审美中讲的"文质相一"，也是有牢固等级贵贱意义的。违背了等级观念，文不可与质相统一。

然而，与孔孟相对应，老庄哲学中对服饰审美评价却又有了新的解释。《老子》第七十章说："圣人被褐怀玉。"褐，是兽毛或粗麻制成的短衣，质地粗陋，是贫贱人所穿。褐无"文"。玉，是君子人格美的象征。魏晋隐士服饰重风姿气质。王衍因为"盛才美貌，明悟若神"而成一时名士仰慕仿效的对象。谢安方四岁，名士恒彝见之称："此儿风神秀彻，后当不减王东海。"崇尚"朴素"、"自然"之美，清心寡欲，品茗清谈，折射出服饰之外的人格风姿。《韩非子》认为君子应"质而恶饰"，凡是"质至美"者，"物不足以饰之"；《淮南子》认为"白玉不琢，美珠不文，质有余也"。这些经典论述直接影响了人们对着装的审美评价。等级观念反映了服饰中的社会伦理道德；文质彬彬、文质相一折射的是服饰形式与内容的统一；放荡不羁和粗服乱头表现了重风姿的所谓隐士们的独特审美心理。从深层的理论根源上说，19世纪前这些服饰理论，统治中国数千年，少有变化。但是从服饰的流行风貌上说,一个时代的变迁,却有一个时代的服饰变化流动。

文学是服饰演变的一面镜子,文学作品中的服饰描绘,为我们提供了服饰审美历史的又一生动画面,从一个侧面总结了服饰审美的时代精神。葛洪在《抱朴子·讥惑》中说:"丧乱以来,事物屡变,冠履衣服,袖袂财制,日月改易,无复一定。乍长乍短,一广一狭,忽高忽卑,忽粗忽细,所饰无常。"说的是魏晋时政局激烈动荡带来的变化。"载玄载黄,我朱孔阳,为公子裳",《诗经》这一描述,岁月留痕,文学作品仿佛是历史记载的注释,平添了许多生动的服饰事例,反映了当时人们的服饰审美评价。《后汉书》中记述了一首民谣:"城中女子高髻,四方高一尺。城中女子广眉,四方且半额。城中女子大袖,四方全匹帛。"而白居易所写的《时世妆》,生动地反映唐代流行的时世妆:"时世妆,时世妆,出自城中转四方,时世流行无远近,腮不施朱面无粉。乌膏注唇唇似泥,双眉画作八字低。妍媸黑白失本态,妆成尽似含悲啼……"这首词描述的是元和末年(820),宫妃和贵族妇女不但追求豪华瑰丽的服装,而且热衷于面部的奇异化妆。白居易的另一首词《上阳白发人》:"小头鞋履窄衣裳,青黛点眉眉细长。外人不见见应笑,天宝末年时世妆。"又说的是入宫几十年的宫女,外面已经流行"胡妆",出宫后穿的还是入宫时的衣服。唐诗中还有诸如:"粉胸半掩凝暗雪"、"长留白雪占胸前"、"莫画长眉画短眉"的妆扮描写。

而宋人诗词的描写则更加具体详实。如:"轻衫罩体香罗碧";"薄罗衫子薄罗裙"、"轻衫浅粉红";"衫轻不碍琼肤白"等,都是对衫的轻薄及色彩的淡雅的描写。还有诸如"头饰"等物的描写。"凤髻金泥带,龙纹玉掌梳"(欧阳修《南歌子》);"铺翠冠儿,拈金雪柳"(李清照《永遇乐》);"蛾儿雪柳黄金缕"(辛弃疾《青玉案》);"玉簪螺髻"(辛弃疾《水龙吟》)等。

进入明清两代,大量文艺作品和札记中对服饰的描写反映当时人们的服饰审美情趣。从冯梦龙的《三言》,及同时代的《两拍》,到《红楼梦》都有大量服饰描写,可以说小说作者已经承担起服饰评论的重任,阐述着他们对服饰审美的观点与看法,为我们分析当时服装流行提供了辅助材料。特别是《红楼梦》书中用大量篇幅描写了上至北静王、王熙凤、贾宝玉,下至袭人、鸳鸯等人的服饰,从富奢的皮毛服装,到家常的"红绫袄儿",直至贴身的肚兜;从贾母送给宝玉的"俄罗斯"产雀金裘,到宝玉雨天用的玉叶蓑和沙棠屐,

图 1-1
《闲情偶寄图说》封面

可说是明清汉人服饰审美评论的集中展现。

而清初李渔的杂著《闲情偶寄》，虽然说的是饮食养生、园林建筑、种花选美、戏剧艺术诸多方面。但就今天的眼光来看李渔也要算作是大时尚评论家，因为他所涉及的衣、食、起、居，正是我们今天广义的时装评论的范畴。尤其是他在"治服"部分所说的："妇人之衣，不贵精而贵洁，不贵丽而贵雅，不贵与家相称，而贵与貌相宜"等论点切入了服装评论的本质，充分体现了李渔服饰观念的超前意识。他强调，妇人的衣着精致一点纵无不可，但比较起来洁净更重要；衣着华丽美艳固然也应该，但若一味追求艳丽而"违时失尚"缺少高雅的情调，就难免流于媚俗。特别是第三条，李渔强调衣着与体貌保持和谐统一的重要性，而竭力贬斥将服装单纯用以炫耀身价财富的庸俗做法。李渔在《闲情偶寄》中还说："人有生成之面，面有相配之衣，衣有相称之色，皆一定而不可移者。今试取鲜衣一袭，令少妇数人先后服之，定有一二中看，一二不中看者，以其面色与衣色有相称不相称之别，非衣有公私向背于其间也。使贵人之妇之面色不宜文采，而宜缟素，必欲去缟素而就文采，不几与面为仇乎？故曰不贵与家相称，而贵与貌相宜。"对于"面有相配之衣，衣有相称之色"的服装搭配技巧，李渔进一步提出了："大约面色之最白最嫩，与体态之最轻盈者，斯无往而不宜；色之浅者显其淡，色之深者愈显其淡；衣之精者形其娇；衣之粗者愈形其娇。"说的是对于天生丽质之人，无论衣服深浅粗精，穿在她们身上总是独具风韵。对于肌肤身材条件不好之人，李渔认为："即当相体裁衣，不得混施色相矣。相体裁衣之法，变化多端，不应胶柱而论，然不得已而强言其略，则在务从其近而已。面颜近白者，衣色可深可浅；其近黑者，则不宜浅而独宜深，浅则愈彰其黑矣。肌肤近腻者，衣服可精可粗；其近糙者，则不宜精，而独宜粗。精则愈形其糙矣。"要求的穿衣效果，关键是"相体裁衣"、"务从其近"，也就是说要与着衣者个人气质相近，达到藏拙显长之效。（图 1-1）

李渔对妇女服饰的研究与评论体察之微，精确之极，甚至连裙褶之多少、鞋底之高低，他都能一一揭示其审美真谛。他的"适身合体"之理论，与现代人的审美情趣，异曲而同工。李渔作为清初寄生士大夫，撰述颇丰，声名昭著，只是当时毁誉不一，生活糜烂，是个玩味之人。寄情之作《闲情偶寄》则顺从物性，集中体现其毕生情趣与文墨修养。他对妇女服饰穿戴理论的表达极具学术价值，是其他古代士大夫所无法企及的服饰美学与评论大师。①

附文　　　　　**衣冠恶习**②

[清]李 渔

记予幼时观场,凡遇秀才赶考及谒见当涂贵人,所衣之服,皆青素圆领,未有着蓝衫者,三十年来始见此服。近则蓝衫与青衫并用,即以之别君子小人。凡以正生、小生及外、末脚色而为君子者,照旧衣青圆领,惟以净丑脚色而为小人者,则着蓝衫。此例始于何人,殊不可解。夫青衿,乾廷之名器也。以贤愚而论,则为圣人之徒者始得衣之;以贵贱而论,则备缙绅之选者始得衣之。名宦大贤尽于此出,何所见而为小人之服,必使净丑衣之?此戏场恶习所当首革者也。或仍照旧例,只用青衫而不设蓝衫。若照新例,则君子小人互用,万勿独归花面,而令士子蒙羞也。

近来歌舞之衣,可谓穷奢极侈。富贵娱情之物,不得不然,似难责以俭朴。但有不可解者:妇人之服,贵在轻柔,而近日舞衣,其坚硬有如盔甲。云肩大而且厚,面夹两层之外,又以销金锦缎围之。其下体前后二幅,名曰"遮羞"者,必以硬布裱骨而为之,此战场所用之物,名为"纸甲"者是也,歌台舞榭之上,胡为乎来哉?易以轻软之衣,使得随身环绕,似不容已。至于衣上所绣之物,止宜两种,勿及其他。上体凤鸟,下体云霞,此为定制。盖"霓裳羽衣"四字,业有成宪,非若点缀他衣,可以浑施色相者也。予非能创新,但能复古。方巾与有带飘巾,同为儒者之服。飘巾儒雅风流,方巾老成持重,以之分别老少,可称得宜。近日梨园,每遇穷愁患难之士,即戴方巾,不知何所取义?至纱帽中之有飘带者,制原不佳,戴于粗豪公子之首,果觉相称。至于软翅纱帽,极美观瞻,曩时《张生逾墙》等剧往往用之,近皆除去,亦不得其解。

第二节　服装评论在中国的兴起

中国古代文化丰富灿烂,却无法逃脱近代的屈辱历史。

英国科学史家李约瑟曾经提出一个挑战性问题,古代中国科学技术非常发达,但是 17 世纪后近代欧洲科学的大振兴为什么没有在中国发生。这个所谓的"李约瑟难题",也让人们反思除科技之外的许多问题。服装文化演变至当代出现了奇怪的变化,全球五分之四的民众都密切关心着欧洲服装流行的一举一动,以欧洲文化为参照系,即便是印度、中国这样有着灿烂古文明的国度,也随欧洲服装流行的潮涨潮落而起伏不定。

一、西方服装评论成为国人的样板

欧洲文艺复兴,为恢复人的自主意识和人本主义的觉醒提供了契机,启蒙思想运动则为近代欧洲的崛起打下了思想基础。资产阶级用奖励的方式刺激科技发明,新大陆的发现,农民的城市化,经济的大发展、大繁荣,使欧洲文化以血的代价占领了世界主流文化的前沿,英、法在这场革命中成为世界科学、经济的领头羊。表现在服装领域,17 世纪中叶法国就开始取西班牙而代之,成为欧洲的服装中心。1627 年,德·维塞(De Visa)在巴黎创办了世界上第一本报道时装的杂志《Mercure Galant》;接着在 17 世纪下半叶当时唯一与服装有关的报纸《Le Mercure Galant》,以及英文周刊《The Lady's Magazine》出版。这些早期的刊物登载涉及时尚生活的文字和时装插图,及时向公众传递巴黎上流社会与宫廷内部的时装信息,这可以说得上是近代意义上的时装评论。(图 1-2)舆论加上统治阶级的喜好,服装流行信息与介绍性文字随着出版物的发行在民众中传播开来。(图 1-3、图 1-4)多才多艺的路易十四是一个对舞蹈和服饰怀有浓烈兴趣的帝王。整个波旁王朝时期,都表现了对艺术的钟爱,对宫廷服装尤其痴迷,他们的后

图 1-2
一组杂志封面

妃曼特浓侬、庞波多、安托瓦内特以及路易十五两位极富才华的情妇蓬巴杜夫人和杜马莉夫人等，均以各自绚丽多姿的服饰引领了巴黎时装先锋潮流。近代法国朝野历来将服装视为法兰西的民族工业。尽管英国有着坚实的工业经济基础，19世纪英国的老裁缝沃斯也携妻带眷远离故乡来到巴黎开设第一家量身定制的高级时装店。发展到20世纪90年代，英国极具才情的毛头小子约翰·加里亚诺受聘"迪奥"，又一次开创了时装新神话。巴黎成为全世界的时装梦之都。借用路易十四的大臣高勒贝尔的话说："服装对法国，犹如秘鲁的金矿对于西班牙一样重要。"在法国政府的倡导与鼓励资助下，巴黎专门建立了服装文献研究机构，为设计师提供各式服装、纺织面料的样品和资料。甚至法国还立法使时装作品享有与艺术、文学作品同等的地位。迄今为止法国还是世界上唯一将高级女装业划归文化部管理的国家，也是唯一接纳服装设计师为国家科学院院士的国家。

随着西方妇女解放运动的兴起，女性报刊的发行，1867年在美国创刊的《Haper's Bazaar》，1892年出版的《Vogue》等刊物大量刊登上流社会和明星服饰打扮的文字与生活方式为主的评论性文章，为服装的流行推波助澜。（图1-5、图1-6）

20世纪的西方服装评论，随着职业设计师与服装名牌以各种名义相继登台亮相，刺激了消费。特别是"二战"以后，广大妇女走出家庭成为职业女性，加快了对服装流行的需求，加剧了服装生产商之间的竞争，又由于电影技术的成熟，观看电影成为大众娱乐的主要方式。崇尚明星的生活方式、穿着打扮，催生了许多时尚刊物的诞生。《Vogue》等杂志推出海外版，时尚信息不再为少数人所掌握。随着电视的普及，时尚流行真正成为了大众的流行。时尚刊物大量刊行，甚至一些严肃的政治刊物也开始刊登服装评论，来争取更多的读者。西方社会受当代艺术影响从早期推崇经典性的评论，涌现了诸如美国著名服装评论家肯尼迪·弗雷泽女士（Kennedy Fraser）等带有慎独情怀反思性质的评论。然而，大众艺术、大众流行，现代主义的简约风格，以及人们对现代生活的随意性要求，使时装评论不再高高在上，更多地以平民化的面目出现，尤其是互联网的普及，写手、作者、读者成为平等交流的对象，"人人穿衣，人人都有穿衣的心得"，服装评论无论采取什么样的形式，它正成为公众生活的一部分。专家评论也好，小女人文章也罢，它们都以平等态度发表自己对衣着的看法，也许服装评论真的切入其本质了。

图 1-3
1955 年 2 月的《Jardin des Modes》封面

图 1-4
以"This woman was once a punk"为名,Vivienne West-wood 被化妆成 Margaret Thatcher出现在《Tatler》的封面

3	4
5	6

图 1-5、图 1-6
Vogue杂志由Georges Lepape设计的封面

二、中国服装评论在沉寂后迎来繁荣

时尚的潮起潮落,对于遥远的中国而言则悄无声息,要不是晚清政府的"洋务运动"、维新变法,国人甚至不知道照相机、汽车;面对坚船利炮,长矛大刀组织起来的军队,只能寄希望于神灵附身"刀枪不入"。当然更不能体会什么是时装,什么是时装评论了。辛亥年建立共和。政治上的革命带来的是"西风东渐",这个"西风"既有政治形态的,也有生活方式的。生活形态的革命即是"剃发易服"。声色犬马的十里洋场上海、天津,天足运动、文明生活运动等为国人吹来了一股"文明新风"。

(一)《良友》——由一本生活画报所想到的

这本被称为领图像刊物风气之先的佼佼者——《良友》画报,创刊于1926年,早于美国著名的《生活》画报十年。《良友》关注时事,常常有着灵敏的反应,而这种现实的感应能力,又是以历史感为支撑的。"纪念孙中山"、"北伐画史"、"日本侵略东北"等都有及时的反映。《良友》常常有优雅美文,它的风格在于官方与民间、政治与文化、文字与图片、高雅与流行之间找到巧妙的契合点。(图1-7)

虽说《良友》是一本综合性杂志,但《良友》的每一期封面都有一位漂亮的时髦女郎向你款款走来。流行服装、西北妇女的装束与民俗装扮,常以图文并茂的形式展现在读者面前。可以说《良友》画报真正成了"上海地方生活素描"。《良友》上写文和介绍的人,几乎包括了当代文学史的所有名人。《良友》对文化名人的介绍和对新女性的推崇,客观上起到了时代先锋的作用。其中的文字叙述,向社会传达了某种时尚的信息。《良友》第九十九期别出心裁,以戏说的形式罗列了时代标准之女性:如胡蝶之名闻四海,如哈同夫人之富有巨万,如宋太夫人之福寿全归,有宋美龄之相夫贤德,有何香凝之艺术手腕,有林鹏侠之冒险精神,如胡木兰之侍父尽孝,有丁玲之文学天才,如杨秀琼之入水能游,如郑丽霞之舞艺超群,等等。

《良友》自创刊起,就颇具国际化时尚视野和大众审美眼光,经常报道国内外的演艺娱乐界的动态消息。《良友》第四十二期刊登着胡蝶与范朋克夫人玛丽辟福的合影。两位时尚女性楚楚动人的照片,被当时称之为中西并美。当年《良友》着眼于用图片形式向读者传递时尚信息,除了有如胡蝶是《良友》的封面宠儿之外,许多明星都是《良友》的封面女郎。

当然,同时代的生活画报与杂志,绝不仅限于《良友》,诸如《家庭》、《美术杂志》、《玲珑》、《家庭年刊》、《新新画报》、《游戏报》,以

图1-7
《良友》民国二十四年第壹零捌期封面

图 1-8
《永安月刊》1940 年第 14 期
封面

及《北洋画报》、《天津民国日报画刊》、《永安月刊》等等许多杂志与刊物都承担起服装评论的任务。(图 1-8)从上述刊物登的图片与文字看,主要集中在时装流行与穿着方式的介绍性文章。如董阳方所写"男子时髦服装的常识"(《玲珑》1931 年总第 7 期、8 期);方雪鸫所写"夏季的新装"(《新新画报》1939 年第 7 期);佚名氏所写"巴黎及纽约春夏时装展览中几种简单而美观之衣服"(《良友》1929 年总第 36 期),等等。当然也有一些文化名流撰写的宣传衣着观念的评论文章。甚至苏州的黄觉寺及漫画名家叶浅予也写起了服装评论。作为一名画家,黄觉寺在《永安月刊》上发表的"女性与装饰"、"谈美"等文章,试图用美术家的审美来谈人与服饰色彩的关系,行文流畅,富于哲理,堪称美学散文。叶浅予对时装的热爱,实际上早在出道早期,他就已经在绸缎织花制版厂当学徒,画图案花样。他还为《万象》杂志设计了蓝印花布的旗袍时装刊载在上面。叶浅予虽说是漫画家,但他的服装设计才能不可小窥。特别是他在《玲珑》上写的服装评论,由于他做过服装设计,往往切中要害,切合市场,受到读者的欢迎。

辛亥革命结束以后,军阀混战,北伐失败,社会动荡。1927—1937,民国政府终于获得了十年的相对安宁。在上海、天津、北京、武汉、南京等大都市,社会消费水平空前提高,文化思潮"左"与"右"两个方面都异常活跃。这就催生了一种生活的开放态度。这一段时间的服装评论从开始的启蒙到逐渐成熟,为中国服装评论奠定了基础。张竞琼在他的论著《浮世衣潮·评论卷》中用"浮世衣潮"来概括民国时期的服装评论,倒是非常贴近的界定,作为一本专事近现代服装评论的论著,张竞琼作了比较系统的归纳与整理,可见其用心良苦。

附文　　　　**论沪上妇女服饰之奇**①

佚　名

○古有以霞佩褛金云裙鸣玉被芙蓉之奇艳撷薛荔之幽芳者乎曰有之古有以堆髻累珠绣裳拖锦燕支妒其色凤彩逊其华者乎曰有之然此皆古人所以掞张帝后之华妃嫔之贵也所以侈言王侯之家姬妾之豪也所以饰词骋藻形容美人之态以及神女仙子之丽也岂真妇

①佚名.论沪上妇女服饰之奇[N].游戏报,1899-1-1(1).

女之服有如此乎岂真寻常百姓家之妇女有如此艳服乎即如兰宫椒
室歌楼舞榭其娇贵华美之服饰有足以新人耳目者所谓留仙裙也却
尘衣也凌被袜也亦皆为粉饰美人之词从未有矜新□奇穷奢极丽目
为之眩神为之夺如今日妇女之服者如今日沪上妇女之服者沪上之
女服而尤以妓家为最奇然其为妓也故必以是竞胜表异耀俗炫众屡
公子之目摄王孙之魄邀绕道之顾盼壮填门之车马不得不藉服饰以
为媒是以每制一衣必数十金或数百金其颜色之光怪陆离花样之奇
巧百出非特古之名姝所未见即帝家后族王公阀阅之姬侍亦无有如
此奢靡者然以其为妓也固不足奇也乃沪上之妇女无论其家为贵族
也为富绅也为士也为商也为工也为征役也为贱艺也其所衣皆妓之
衣也其所衣之颜色花样无不与妓同也然贫贱之家苦于无货不能事
事效法故其所衣间亦清洁雅素不如妓家之浓妆艳抹似稍有区别于
间若富贵之家事事效法求合时宜惟恐不肖其所衣之颜色花样以及
妆束步履无一不以妓家为法不知者见之则将呼之曰妓即知者见之
虽不呼以妓而无不以妓视之也乌乎妓之美衣服也所以要客欢也寻
常百姓之家以及士大夫之族其妇女宜何如俭约朴素者而乃效妓家
之所为吾不知其要何人欢也古人有言谩藏诲盗冶容诲淫其有不致
失节堕名秽声外溢者几希

附文　　　　　　　论时装[①]

翁　失

今日之时装公司、可谓风起云涌矣、出时装特刊、举行时装表
演、亦已不一而足矣、因介绍有清李笠翁一文、以为社会人士告、此
文论而孔与衣裳之关系□读此、可为时装公司之老□与时装公司
之顾客、下一针砭焉、其文曰、妇人之衫、不贵精而贵洁、不贵而贵
与貌相宜、绮罗文绣？而贵雅、不费与家相称之服'被垢蒙尘、反不
若布服之鲜美、所谓贵洁而不贵精也、红紫深艳之色、违时失尚、反
不若浅淡之合宜、所谓贵雅而不贵丽也、贵人之妇、宜披文采、寒俭
之家、当衣缟素、所谓与人相称也、然人有生成之面、而有相配之
家、衣有相配之色、皆有一定而不移者、今试取鲜衣一袭、令少妇数
人先后服之、定有一二中看、一二不中看者、以其面色与衣色、有相
称不相称之别、非衣有公私向背于其间也、使贵人之妇这面色、不

①翁失.论时装[N].金刚钻,1934-12-25(2).

宜文采而宜缟素、必欲去缟素而就文采、不几与而为难乎、故曰不贵与家相称而贵与面相宜大约面色最白最嫩、与身体之最轻盈者、斯无住而不宜、色之浅者显其淡，色之深者愈显其淡、衣之精者形其娇、衣之丽者愈显其娇、此等即非国色、亦去夷光五嫱不远矣、然当世有几人哉、稍近中材者、即当相体裁衣、不得混施色相矣、相体裁衣之法、变化多端、不应胶柱而论、然不得已而祥言其略、则在务从其近而已、面色之近白者、衣色可深可浅、其近黑者、则不宜浅而独宜深、浅则愈彰其黑矣、肌近腻者、可服可精可糙矣、然而贫贱之家、木"其精与深而不能富贵之家"欲为粗与浅而不可、则奈何、曰不难、布苧有精粗深浅之别、绮罗文采亦有精粗深浅之别、非谓布苧必粗而罗绮必精、锦绣必深而缟素必浅也。

（二）《玲珑》杂志与时装评论

20世纪30年代的上海有一本好看而又多情的妇女杂志，名叫《玲珑》。《玲珑》不同于《良友》，如果说《良友》是一本综合性杂志的话，《玲珑》则是真正意义上的女性时尚杂志。《玲珑》杂志的全称是《玲珑图画杂志》，创刊于1931年3月18日，出版人是华商三和公司。杂志的主编是后来享誉摄影界的圣约翰大学毕业生林泽巷。林泽巷（1903—1961），福建古田人氏，早在1924年圣约翰大学读书时林泽巷即是个活跃之人，他发起成立了摄影社，并自任社长。当时照相机是个时髦商品，可见林泽巷的思想是开明开放的。他后来成为摄影家即是后话。

《玲珑》杂志其刊本极为袖珍，仅如扑克牌般大小。刊本虽小，却可说得上是真正的时尚杂志。（图1-9）每期50~60页，刊有精美的封面和封底。取名"玲珑"，据说是借娇小可爱之意。她内容丰富，与现实生活紧密相联。其内容谈的多为与女性生活相关的爱情、婚姻、服饰、生活、学习、娱乐、美容、休闲等话题。一本小小的《玲珑》，可说是当时服装评论的缩影。《玲珑》杂志1934年总第128期曾刊登一位读者的文章说："《玲珑》这个名字确是娇小玲珑，但虽是较小，而内容却极丰富，它是我们全国妇女唯一的喉舌，解决我们痛苦与烦闷，指导生活与方针，内容分体育、卫生、常识、法律、美容顾问、儿童健康、电影及信箱，解决疑难问题，内容是这样的丰富，正导妇女唯一的生路，可称是'妇女必携'了。"作为20世纪30年代重要的女性时尚刊物，服饰流行是迎合女性读者的重要内容。《玲珑》每一期都会刊登国内外服饰流行款式、服装文化常识、服装评

图1-9
《玲珑》民国二十三年四月第十三期

论的图片与文字。同时还通过向社会征集的方式,每期都会选登许多图像清晰的女性着装照。由于被刊载的时装照人物身份比较明确,如某夫人、某小姐照等,因此《玲珑》杂志所反映的服装流行信息具有比较高的真实性和可靠性,充分反映了当时时髦女性的着装特色与服饰流行面貌。就广义的服装评论而言,根据有关研究,《玲珑》杂志中评论型的服饰信息占 40.5%,介绍型服装信息占 36.7%,报道型服饰信息占 22.8%。从中可以看出评论型的文章和图片所占比重最大,选取《玲珑》杂志,对研究和反映 20 世纪 30 年代服装评论的面貌具有标本意义。

《玲珑》既有诸如《去熨斗积痕法》、《日间化妆与夜间化妆之差》等实用小常识文章,也有诸如《法国女子服装颜色》、《德国人民自兴与南欧人民服装》等国外服饰信息,更有介绍国外服饰流行和上海服装趋势的大量信息。而服装评论的文章往往都是社会名流、自由撰稿人针对穿着观念、穿着现象、穿着方式所发表的具有鲜明个人特色的文章。"穿得奇奇怪怪、珠翠满身,反而显得俗气";"穿素色的衣服未必会比不上那鲜艳颜色的衣服";"时髦的衣服最大的特色就是虽然盛极一时,但是容易过时,过了时比素装淡服还难看"。这些当年阐述服饰审美评论的语言,今天读来仍觉得具有现实意义。

一本小杂志却反映了一个大时代。20 世纪 30 年代的大上海正值接受西方新思潮的启蒙与洗礼。《玲珑》这本由男人担当主编,却关怀女性的杂志,肩负起倡导男女平等和女权,塑造新女性形象的重任。她致力于塑造理想中的完善、新型的女性形象。我们从这本小杂志的扉页上仿佛翻开了至今万众回味不休的上海十里洋场纷繁复杂的生活画面。这些年轻的女郎,用青春的舞步在百乐门不停地滑动。她们美艳、时髦、聪明集于一身,时常出没于文人骚客的沙龙,也点燃了上海滩说不尽的怀旧风情。《玲珑》杂志所透露的生活气息有时是暧昧的,似乎上海滩为这些新女性的优雅出场准备足了捧场的男士,那些油头粉面和黑脸长衫客、革命或反革命、绅士和流氓、学生和党棍、军阀和股票炒手、文艺青年和拆白党。在这个沙龙和舞台上,知识新女性、电影明星、交际花、妓女、大家闺秀、小家碧玉、姨太太、良家妇女们纷至沓来,粉墨登场,她们的身影开创了夜上海回味良久的梦想与落寞,也为今天研究这些时期的服饰时尚、服装评论留下了鲜活素材。

张爱玲在《更衣记》中说:"上海的女学生手上总有一册《玲

珑》。"因此,有人研究说,《玲珑》杂志的主要读者是年轻女学生。其实不然,作为年轻女性的女学生,她们接受新思想最快,但这本杂志决不限于女学生。女性学生群体追求时尚和新潮,她们一定是这本杂志的忠实读者。而《玲珑》杂志宣传的新女性对年轻女性就有着示范意义。譬如:刊载的社交名媛和大家闺秀周叔平、陆小曼、梁佩芬、周淑卫等,她们的生活照和时装照都是作为新装介绍给大家的。还有当红明星的生活照就是流行服饰的重要体现。她们为一个时代的女性所推崇。

《玲珑》杂志终于在 1937 年那个多事年月黯然收场了。从 1931 年 3 月 18 日创刊到 1937 年停刊,《玲珑》共出版 298 期,七十多年过后,爱怀旧的人和认真做研究的人,要将这 298 期的《玲珑》杂志收集整齐恐怕是难乎其难了。据说上海图书馆尚存有部分微缩胶卷图文。而远在大洋彼岸的美国哥伦比亚大学东亚图书馆却保留了 225 期《玲珑》杂志,只差 72 期便收齐了。同时,我们不得不感叹那位名叫 Frances lafleur 的女汉学家还将这些杂志扫到了网上,原本养在深闺的《玲珑》,一下成了公众的文化遗产。如此这般,倒是印证了《玲珑》当时办刊的理想,彰显出具有混合意味和左翼思想的积极性与进步性。

(三)张爱玲与服装评论

海派生活从根源上讲是一种"白相"文化,上海都市生活所形成的市侩与闲适心境影响着人的思维模式。张爱玲受这种影响,一方面她出身于官宦之家,自命清高,另一方面她又有闲适"小资"情调与情结。同时代的社会名流、文学家多有涉足服装评论。梁实秋可以借用莎士比亚的话告诫人们:"衣裳常常显示人品";叶浅予可以对人们的穿着提出具体的建议:"不用纽扣,任其松开,合于晚上披着";黄觉寺可以用美术家的眼光对人的皮肤与服装色彩的关系提出"整体美"的定律;甚至连与鲁迅交恶的林语堂也凑进来对服装说出个一二三, 他针对暴发户的那句:"如乡下妇女好镶金齿一般见识",既让人捧腹,又让人觉得其语言笔锋如锥。当然如同周瘦鹃等闲散文人风花雪月般的评论文字就数不胜数。虽说各路文人、艺术家加盟服装评论,使 20 世纪 30 年代上海服装评论迎来了"沉寂"后的繁荣,但他们的评论终究敌不过旷世才女张爱玲的笔下功夫。

人称"衣服迷"的张爱玲作为李鸿章的后裔、张佩伦的孙女,她的精神世界既入世又慎独, 常常处于高处不胜寒的境地。才华横溢,却一生落漠,晚境凄凉。然而她的文学天才与对服装的迷恋,给我们留下了宝贵的文化财富。(图1-10)张爱玲的服装评论代表作是人们经常引用的《更衣记》、《童言无忌·衣》,以及用英文写作的《中国人的生活与时装》。张爱玲的出身,似乎决定了她的穿着品味,自然也影响到她的服装评论。由于对服装的爱好和内行,她特善于描写妇女的衣饰情态,其笔下的女角莫不"浓妆淡抹总相宜",几乎人人都是魅力独具的"时装"模特。张爱玲对服装评论甚至可以超脱于一般衣着描写,而从衣着的外表之上,挖掘人性的内涵。她在《更衣记》中针对晚清民国前后人的穿衣变化,作了如下的评论:"现在要紧的是人,旗袍的作用不外乎烘云托月忠实地将人体轮廓曲曲勾出。革命前的装束却反之,人属次要。"①

图1-10
《张爱玲典藏全集》封面

　　服饰与人的修炼有关,一个对美有着敏锐感触的人,绝不可能与美的服饰载体擦肩而过。张爱玲作为爱美者,在写作之余常常身体力行,用绚烂多彩的服装来装点自己的写作人生。张爱玲的形象是有定格的,那张身着中式上袄双手叉着腰、脸侧望远方,似乎张爱玲的形象就是这样永恒了。老作家柯灵曾在一篇回忆录里提到孤岛时期1943年7月,初见来《万象》杂志社送稿的张爱玲的印象:"……她穿着丝质碎花旗袍,色彩淡雅,也就是当时上海小姐普通的装束。"虽说是普通装束,但服饰搭配与气质给柯灵留下深刻印象。柯灵最后一次见到张爱玲时,已是新中国成立后的1950年夏天,张爱玲应邀出席上海第一次文代会,"她坐在后排,旗袍外面罩了件网眼的白绒线衫,使人想起她引用过的苏词'高处不胜寒'。"当时张爱玲的打扮尽管已由绚烂归于平淡,但在崇尚英雄的年代,在一片蓝、绿、灰的列宁装和中山服里,还是显得很突出。她之爱打扮、会穿衣以及对服饰的品味从中得以窥见。

　　写服装评论,往往说的是服装之外的东西,一个人的内涵与穿着之间常常有着必然的联系。女作家、才女中钟情于服装和服装评论的人又岂止张爱玲一人。北宋女诗人李清照就曾在她那些清丽婉约的诗词里多次写到穿衣打扮,并且发表了自己服饰的评判,如《永遇乐》里的名句"铺翠冠儿,撚金雪柳,簇带争济楚",就把李清照和她的女伴中州盛日出游时的盛装描绘得栩栩如生。而当代的女作家毕淑敏、铁凝等都有关于服饰的文字流传于世,而她们也都以独特的气质与穿着为女性树立了榜样。随着时代的变迁,懂穿着

①张爱玲.经典手抄本张爱玲·更衣记[M].呼和浩特:内蒙古大学出版社,2003.

有品味会写作的"知性"女性不能说随处可见,也可讲数目众多。据说专栏作家黄爱东西,就曾是校花、界花和穿着的花妖,穿着相当时尚而且前卫。

张爱玲与服装的这份"倾心之恋"当然与其性别有关,但一个真正有修养的人、一个对着美好的东西怀有热切希望的人,绝不可能与服装这一类的载体擦肩而过,失之交臂。张爱玲的服装评论文章与美丽文字,用美丽和畅达抒写了写作人生的浪漫。也正是这份情缘,她笔下的人物会说话,她笔下的服装风姿绰约。她的文章才有情感,才能绘声绘色地上演"衣香鬓影惊梦来"的时尚旧梦。

附文　　　　　　　更衣记[①]

张爱玲

……

削肩,细腰,平胸,薄而小的标准美女在这一层层衣衫的重压下失踪了。她的本身是不存在的,不过是一个衣架子罢了。中国人不赞成太触目的女人。历史上记载的笄人听闻的美德——譬如说,一只胳膊被陌生男子拉了一把,便将它砍掉——虽然博得普遍的赞叹,知识阶级对之总隐隐地觉得有点遗憾,因为一个女人不该吸引过度的注意;任是铁铮铮的名字,挂在千万人的嘴唇上,也在呼吸的水蒸气里生了锈。女人要想出众一点,连这样堂而皇之的途径都有人反对,何况奇装异服,自然那更是伤风败俗了。

出门时裤子上罩的裙子,其规律化更为彻底。通常都是黑色,逢着喜庆年节,太太穿红的,姨太太穿粉红。寡妇系黑裙,可是丈夫过世多年之后,如有公婆在堂,她可以穿湖色或雪青。裙上的细褶是女人的仪态最严格的试验。家教好的姑娘,莲步姗姗,百褶裙虽不至于纹丝不动,也只限于最轻微的摇颤。不惯穿裙的小家碧玉走起路来便予人以惊风骇浪的印象。更为苛刻的是新娘的红裙,裙腰垂下一条条半寸来宽的飘带,带端系着铃。行动时只许有一点隐约的叮当,像远山上宝塔上的风铃。晚至一九二〇年左右,比较潇洒自由的宽褶裙入时了,这一类的裙子方才完全废除。

穿皮子,更是禁不起一些出入,便被目为暴发户。皮衣有一定的季节,分门别类,至为详尽。十月里若是冷得出奇,穿三层皮是可

---

①张爱玲.经典手抄本张爱玲·更衣记[M].呼和浩特:内蒙古大学出版社,2003.

以的,至于穿什么皮,那却要顾到季节而不能顾到天气了。初冬穿"小毛",如青种羊,紫羔,珠羔;然后穿"中毛",如银鼠,灰鼠,灰脊,狐腿,甘肩,倭刀;隆冬穿"大毛",——白狐,青狐,西狐,玄狐,紫貂。"有功名"的人方能穿貂。中下等阶级的人以前比现在富裕得多,大都有一件金银嵌或羊皮袍子。

姑娘们的"昭君套"为阴森的冬月添上点色彩。根据历代的图画,昭君出塞所戴的风兜是爱斯基摩氏的,简单大方,好莱坞明星仿制者颇多。中国十九世纪的"昭君套"却是癫狂冶艳的,——一顶瓜皮帽,帽檐围上一圈皮,帽顶缀着极大的红绒球,脑后垂着两根粉红缎带,带端缀着一对金印,动辄相击作声。

对于细节的过分的注意,为这一时期的服装的要点。现代西方的时装,不必要的点缀品未尝不花样多端,但是都有个目的——把眼睛的蓝色发扬光大起来,补助不发达的胸部,使人看上去高些或矮些,集中注意力在腰肢上,消灭臀部过度的曲线……古中国衣衫上的点缀品却是完全无意义的,若说它是纯粹装饰性质的罢,为什么连鞋底上也满布着繁缛的图案呢?鞋的本身就很少在人前露脸的机会,别说鞋底了。高底的边缘也充塞着密密的花纹。

袄子有"三镶三滚"、"五镶五滚"、"七镶七滚"之别,镶滚之外,下摆与大襟上还闪烁着水钻盘的梅花、菊花,袖上另钉着名唤"阑干"的丝质花边,宽约七寸,挖空镂出福寿字样。

这里聚集了无数小小的有趣之点,这样不停地另生枝节,放恣,不讲理,在不相干的事物上浪费了精力,正是中国有闲阶级一贯的态度。惟有世上最清闲的国家里最闲的人,方才能够领略到这些细节的妙处。制造一百种相仿而不犯重的图案,固然需要艺术与时间;欣赏它,也同样地烦难。

……

第三节　服装评论的再生

1949年新中国的诞生,使得20世纪50年代以后的中国服装业经历了一个曲折的发展过程。对革命和社会主义的崇尚,前苏联的影响无处不在。简朴和实用成为服装审美的考量标准。虽然有如"布拉吉"、"坦克服"、"列宁装"这样特定的外来服饰曾经盛极一

时，但全社会对资产阶级生活方式的讨伐和批判，使真正的服饰流行和服装评论体系建立不起来。尽管如此，人们还想着办法打扮自己，也形成了独特的服饰流行趋向。人们将电影中的服饰，《大众电影》上明星的生活照片作为自己服饰审美的参考。那个时代的年轻女孩几乎每人都珍藏着一叠电影明星的照片，这种情形一直流传到 20 世纪的 80 年代。由此可见人们的爱美之心仍然是无法湮灭的。（图 1-11）

一、20 世纪 80 年代是服装评论的分水岭

中国服装评论的发展在 80 年代有了分水岭。一是得益于改革开放，国家进入了一个新的发展时期，人的思想观念逐渐地发生着变化，人们追求新款、追求美好生活的热情被激发出来。二是当时的国家领导人发表了多次讲话，提倡美化人民的服装穿着，从而掀起一股西服热。三是大量国外电视剧、电影被引进中国，客观上引领了当时的服饰潮流，"幸子衫"、"大岛茂风衣"风靡全国。四是 1980 年在新中国服装评论史上第一本专业时装杂志《时装》创刊，标志着中国时尚产业终于有了自己的时装专业杂志。从理论上说，新中国真正的服装评论就此再生了。（图 1-12）

《时装》杂志创办早期有两位人物，服装评论界不能忘却。一位是聂昌硕，一位是夏大统。聂昌硕作为杂志的业务负责人，对办刊的方向和服装评论的推动起到了主帅的作用，虽说他早年从事版画等美术工作，但作为早期《时装》杂志的主编和服装评论作者的他亲自撰写了许多文章。夏大统作为一名摄影工作者，他对杂志图片选用倾注了心血，国外流行资料正是经过他的手精心挑选，才让广大读者了解了国外的流行信息。他也曾拍摄了大量时装照片，为广大读者凝炼了一个时代的流行风貌。继《时装》杂志之后，《现代服装》于 1981 年创刊于北京（图 1-13）；《流行色》1983 年创刊于上海；《中国服装》和《上海服饰》1985 年分别创刊于北京与上海（图 1-14、图 1-15）；《中外服装》1987 年创刊于大连。从 1980 年到 1987 年的 7 年中，共有 6 本专业时装杂志创刊，为当代服装评论开启了智慧之门。在改革开放早期的时装杂志中，《时装》和《流行色》这两本杂志对服装评论的意义功不可没。（图 1-16）当时有许多重要作者和重要文章均出自这两本杂志，事实上引领了服装评论的先锋。尽管这一时期的时装刊物在印刷技术、图片风格、编辑水平、文章质量上无法和今天所见到的时装杂志相比。但是就其编辑视点、体裁选取都显现出耳目一新和质朴的风格。对当时整个社会的服装

产业、生活风尚、穿着观念都起到了积极的推动作用。这时的许多
时装评论也都围绕着国外流行信息的介绍，个人穿着的小常识而
展开，既实用而又通俗易懂。

《ELLE——世界时装之苑》(1988 年在中国出版发行) 的出版
发行，则开创了中国时装刊物与国际合作的先河。这本由上海译文
出版社与法国桦榭菲力柏契出版社合作出版的世界著名杂志
《ELLE》姐妹版为中国时装界带来了一股清新时尚之风，也为中国
时尚界与国际时尚信息共享开辟了新途径，编辑水平、图片质量、
文字风格、印刷技术都上了新的台阶，使得中国时尚杂志更国际
化。(图 1-17)

继《ELLE》之后，国内时装杂志的国际合作越来越多，许多瞄准
高收入、白领阶层的精英杂志相继创刊，进入 20 世纪 90 年代后期
到近几年，诸如《新视线》、《艺术家》、《名牌》(图 1-18)等综合性时

14	15	16
17	18	

图 1-14
《中国服装》2007 年 11 月刊封面

图 1-15
《上海服饰》2009 年第 8 期封面

图 1-16
《流行色》2007 年 12 月刊封面

图 1-17
《ELLE》美国版 2009 年 9 月刊

图 1-18
《名牌》2008 年 2 月刊封面

图 1-19
《昕薇》2009 年 5 月刊

图 1-20
《米娜》2006 年 10 月刊封面

尚精英杂志相继走入读者视野，许多杂志不仅与国际出版集团合作，而且还派往纽约、米兰、巴黎、伦敦、东京等国际大都市许多记者和专栏作者，传回大量更为时尚、文风更加优美的评论文章，服装评论进入了成熟化与多元化的阶段。

二、服装评论形式的多元化

特别需要指出的是由于杂志品质和档次的多元化，服装评论也有了细分。如《新视线》和《名牌》杂志的服装评论抓住的是国际上流社会的流行趋向，评论文章隽永富有诗意。而《昕薇》、《米娜》等时尚刊物则针对的是年轻人，文章活泼无厘头。特别是《昕薇》杂志能够在出版物大战的背景下跃升时尚刊物销售第一位，除紧抓流行信息，拥有精美图片外，时装评论短小精悍，切中时代潮流，受到年轻人的喜欢。(图 1-19、图 1-20)

服装评论作为一种应用性文体，它在 20 世纪的晚期遭遇了新的挑战，电视大众媒体的兴起，动态的影像评论在时尚栏目的推动下，占据了受众的视觉空间，而且它以形象的直接性、应时性和生动性，使得广大观众有了更为现实的时尚信息，对受众的服装审美起着巨大的推动作用。而互联网的普及，又为服装评论提供更为直接、应时和生动的交流平台，它的信息传播甚至比电视媒体还要快，而且不受时间、地点、数量的制约，成为当代受众最为方便的获得信息的媒介，而且由于互联网所具备的互动平台，各种时尚、服装网站正以迅捷的速度占据受众的信息空间。服装评论从单向、权威式的话语引导与灌输，变为互动式的、平等和自由的讨论，促使服装评论在现今社会又增添了民主的意义。

由此可见，服装评论在新时期已经无法用单一的理论概念和意义加以逻辑性的概括。服装评论已经从一个应用性的文体，发展成为一种受众接受信息与互为表达，从平面媒体到动态影像媒体，以及互联网互动的综合性评价活动。

第四节　服装评论的任务与困惑

一、服装评论的赞美与批评

要发表评论就有赞美与批评，赞美与批评似乎总是一对孪生兄弟，赞美的对立面就是批评，有了批评方显得赞美的重要。通常知识分子在自谦的同时，内心却存留着自负，而对有些虚伪的作态,常常欲说还休。服装评论,鉴于商业利益的驱动,多少有些浮躁和华而不实。如果用一位严谨学者的眼光看待,没有几篇评论文章值得一读。但是,时尚产生的流行性,以及时尚与时装活动的轻松形态,决定了服装评论的专业特征,不能要求一位服装评论家的言论有如考据学家一样经得起数十年的时间考验。因此,服装评论的所谓赞美与批评就有了时间性的定义。(图1-21)

　　今天赞美的东西,明天极可能就是逝去的东西;今天的批评,明天可能成为赞美的潮流,这就是服装评论的变异性特征。当然,这样说决不意味着服装评论没有相对的标准。我们所说的赞美与批评,很大程度上是面对评论者自身素养及水平而言的。然而,我们可以看到,由于服装评论缺乏理论上的定性和体系性的规范,不少时尚媒体炮制出来的各种评论,违背了服装评论的宗旨、目的与任务。对如何赞美? 赞美什么? 如何批评? 批评什么? 浑然不知。多的是华丽词藻的堆砌和吹捧,少的是发自内心的赞美;多的是故作高深的浅陋与刻薄,少的是绅士般的平和与风范。(图1-22)

　　就服装评论的任务而言, 赞美只要是真诚的, 批评是君子般的,服装评论就不会失去它固有的特质。就服装评论的目的而论,如果说中国的服装评论要获得它高尚的地位,没有评论者精神的慎独和文笔的公正,没有评论者足够的知识储备和综合素养,没有评论者边缘人的状态和生活品质,所谓的服装评论就无权威可言。

　　学会赞美别人,不意味着无原则;学会赞美别人,只为心地纯真的人敞开美感之门。赞美别人,修辞华丽,但不媚俗;批评别人,语言尖锐但不能刻薄,更不能故作高深,让人感到晦涩而透露出陈腐的气味。如果我们都能用灿烂的心态俯瞰万物,用理性的思维把握脉搏,服装评论就能走入良性发展之路。

二、服装评论的困惑

　　服装评论作为现代服装业发展的衍生物,虽然得到了长足的发展,但它既不像纯学术研究那样需要探寻深不可及的理论触点,也不能平庸到将一般的时尚新闻报道就作服装评论。尽管报道类评论也是广义服装评论中的一种, 但当下服装评论的浅薄有时无法支撑起作为应用性文体的一个门类。(图1-23)服装评论就现状而言,表现出两种倾向:一是华丽词藻和有意吹捧,以及献媚语汇充斥于媒体。二是脱离实际和假装深沉的批评,豢养着一些伪批评家。

　　当我们从佝偻着背、戴着老花镜的裁缝师傅身上,逐渐认识到

图1-21
《VISION》2006年4月

图1-22
《COCO薇》2009年2月刊封面

图1-23
《Surface》杂志将Felipe Oliveira Baptista的设计搬上封面并作专题报道,2006年10月

服装设计也是门艺术，进而确立设计师在现今公众心目中的高尚位置，经历了漫长演变和观念革新。国内的服装评论由于起步较晚，独立的评论人队伍尚未形成，许多评论作者大半改行而来，有的专业素养不足，缺乏对时尚生活的体验，参加时尚活动又如同演戏一般。从根本上说，不少栏目制作人、编辑和评论作者本身缺乏对服饰文化的研究与实践，因此很难对时尚活动、设计师作品、流行信息作出客观评价。

何为好作品，如何把握时代潮流，面对少数先锋设计师的作品，评论作者又以猎奇和戏剧化的思维去评判服饰作品，针对少数人以设计服装为借口，展示的"行为艺术"作品而显露出对艺术的无知和对生活的狂妄，评论作者又常常处在失语状态。

我们所说的服装评论，要评又要论。有评与论就有褒贬，评是观看作品印象后的评述，论是理论的阐述与感觉的深化。当前服装评论的现状是，虽说服装评论获得了再生，时尚传媒空前繁荣，但真正的服装评论却没有建立起独立的地位。由于浮躁心境，时尚媒体所播出的评论和纸介质平面媒体上的评论文章，往往文风矫饰过度而显得苍白无力。再加上评论作者学识修养和生活品质、品味的缺憾，闭门造车写就的评论文章理论观点自相矛盾，人物事件张冠李戴，还名曰这是后现代。有的评论文章一般性描述多于评论，受众无法从中得到生活的感悟与实践的启迪。有的评论干脆根据企业、品牌、设计师提供的宣传材料摘取几段也算作评论。在商业利益的诱使下，评论作者与媒体人很难用一种理性、超然的态度去评价设计师和作品。（图1-24）

服装评论面对的是品牌、设计师和消费者三个层面。对品牌而言，它引导时尚，起到宣传引导购买行为的作用。对设计师而言，服装评论为其定位，起到赞扬或批评、激励或警示的作用。对消费者而言，提高服饰审美鉴赏能力，提供正确的消费引导。面对宽泛的服装评论，它还可以论述一个时代的潮流，评价服饰背后的文化故事，等等。然而在商业机器鼓噪下的服装评论文章与评论节目，给品牌和设计师不恰当的舆论支持，让品牌生产商和设计师陶醉在自我欣赏的浪漫激情之中，加速了某些品牌和设计师昙花一现般消失的速度。有的评论文章与节目甚至杜撰出一些传奇的虚幻的品牌故事，宣传某种颓靡的生活方式，引导民众不健康的生活理念。特别是那种对当代设计艺术真实状态缺乏客观了解，但又喜欢以评论家的姿态评头论足的人，常常使服装评论沦落为三流小报

图1-24
《Le Monde2》封面"John Galliano：我的设计大师职业"2007年1月6日

下作文字,而失去评论应有的思辨光辉。(图1-25)

　　一般情况下,中国的设计师是不写评论的,而现今的评论作者又缺少设计的实践。由于服装及时尚流行速度加快,大众时尚审美趣味很难使一位理论家在短期内构建起比较完备的流行文化理论体系。因此,即使有较深理论修养的人,也很难准确把握服装评论的时代脉搏。而没有实践经验的评论作者又不甘寂寞,为掩饰实践和技巧的不足,评论作者往往用故作高深的知识堆砌,来掩盖对服装设计技术问题和流行美感经验的不足。因此,我们缺乏一支既有丰富视觉艺术实践经验,又有深厚理论功底、健康心态、高贵生活品质的评论家队伍,这不能不说是服装评论最大的困惑。

图 1-25
《W Korea》2009 年 7 月刊封面

三、服装评论家应该是时尚的边缘人

　　许多的服装设计师在服装界有显赫的名声,却没有广阔的市场。设计师的成功往往以获得某著名大赛的奖杯而一举成名。学院式的纸面效果、T型台上滑稽可笑的戏剧化服饰被称之为有创意和有灵性。评论作者身处其中,由于受各种因素影响,成为这种利益和名誉的直接策划者、鼓动者和受益者,不能以一种超然的态度,置身于外和独立其中。在鲜花和掌声中,服装评论也伴随着这种畸形逻辑,随波逐流,推波助澜。(图1-26)

图 1-26
《V Man》2010 夏季刊总第 18 期

　　服装评论虽说不是高深莫测的理论研究,但也不是知道了费雷、拉格费尔德、阿玛尼、加里亚诺、范思哲就可以唬弄人的。服装评论与流行时尚紧密相连,服装背后又蕴含着丰富的文化信息、文化哲理、文化内涵和文明积淀。服装评论就是在通俗易懂的情景、形式中把隐含在设计师作品、服饰潮流中的时尚理念揭示出来,引导人们健康向上的时尚生活理念。服装评论需要独立慎独的人格情怀,需要以边缘人的状态,需要评论作者经过紧张的思考和艰苦的脑力劳动,只有对时尚潮流和作品有所发现,有所提炼,有所感悟,才能上升为理性的认识。

第二章 "乃服衣裳"

——服装评论的定义与本质

第一节 服装评论的概念与内涵

服装评论从诞生的那天起一直为其他文字形式所包容，独立的服装评论可以说是近代工业革命以来,商业化社会的衍生产物。当代传播媒体从单纯的纸介质读物,向电视、互联网综合媒体发展以后,要给服装评论下一个传统意义上的定义和概念是非常难的。这不仅因为传播方式的改变，还因为评论在现今条件下又可以是一种互动的行为。但是,任何问题的提出都应该选择这一问题的逻辑起点来加以探讨与论述,服装评论也不例外。

一、服装评论的概念

（一）服装评论一词的由来

1. 从设计评论和批评入手

尹定邦先生认为:"起源于文艺复兴的'设计'Disegno 一词,最早是作为一个艺术批评的术语，指合理安排视觉元素以及这种合理安排的基本原则。'设计'概念发展到 19 世纪,已成为一个纯形式主义的艺术批评术语而广为传播。现代意义的设计概念是 20 世纪才开始流传的。如果从词源和语义学的角度考察,'设计'一词本身已含有内省的批评成分。……设计强调对观赏者、使用者及受其影响者的作用和结果，意味着对设计作品进行批评的必要性已包含在设计的概念之中。"①

联合国教科文组织编撰的《学术通观》中对"批评"和"批评的"下了这样的定义,"批评(名词):对精神作品、文学作品或艺术作品的评判艺术。批评(形容词):其目的在于从精神作品、文学作品、艺术作品中识别与美的观念、公认的真理不一致的东西。"许平在《青

---

①尹定邦.设计学概论[M].长沙:湖南科学技术出版社,2000.

山见我》一书中对此作了进一步解说:"作为名词的'批评'基本是一个解读与评说的概念,作为形容词的'批评的'是一个针对与某种价值观、艺术观甚至真理不相一致的现象而得到的判别与指出。"①鉴于设计批评与设计学的关系(已在序中论述),设计批评是运用设计史、设计原理等相关理论,对设计理论、设计实践、设计方法、设计作品、设计现象等进行评判与解读,以提升设计的内在价值,褒贬设计的优劣。

所谓"设计评论"就是对设计作品的判断和评价。(图2-1)而服装评论,或者说是服装批评,作为一种新的学术定义,它与设计评论有着许多相似和共融之处。它所包含的研究内容无外乎服装评论的涵义;服装评论的对象和评论者;服装评论的标准;服装评论所使用的方法和理论;服装评论的分类;现有的服装评论状况及媒体;服装评论的队伍;服装评论人员的素质,等等。

2. 从服装评论自身解析

服装评论包含着服装和评论两个概念。我们可以通过把这两个概念放到服装评论的活动中去考察,来明确服装评论的内涵与外延。

服装评论活动中,评论的对象和基点主要是服装。李当歧在《服装学概论》一书中认为:"其一,服装是'衣裳'、'衣服'的一种现代称谓,也是'成衣'的同义语。另外,人们习惯把那些流行倾向不大明显(指创新程度),在相当一段历史时期内穿用都不过时的常规性衣服或成衣称作服装,以区别于时装;其二,与广义上的'服饰'一词一样,是指人类穿戴、装扮自己的行为,是人着装后的一种状态。"②根据尹定邦先生的论述,即按照产品的种类划分,服装设计作为工业设计的一种类型。"衣服是广义通俗的词汇,指穿在人体上的成衣。衣服经过思考、选择、整理,和人体组合得当的衣服着装才叫服装。服饰设计,是指服装设计及附属装饰配件的设计。"③可见,服装具有了广义之称,它所涉及的范围较广,囊括了服装行业与服装产业、时尚事件与流行趋势、服装品牌与服装市场、美学思潮与服装设计师、服装教育与服装受众、服饰妆容与配饰等与服装息息相关的人物、事物和现象等都包括在服装研究的范畴之内。

而所谓"评论",顾名思义,即评和论。"评"就是评论、评价的意

图 2-1
2009 Spring' Summer Berlin
品牌发布会作品之一

①许平.青山见我[M].重庆:重庆大学出版社,2009.
②李当歧.服装学概论[M].北京:高等教育出版社,2000.
③尹定邦.设计学概论[M].长沙:湖南科学技术出版社,2000.

思;"论"就是分析和说明事理。在服装评论活动中,"评"主要是对服装作品、产品的形式特征,风格特点以及精神内涵等给予一定的评价,即感性体验的过程。"论"主要是对服装设计思潮、服装品牌、流行趋势、服装市场等现象和问题进行综合探讨,即探讨服装设计思潮和设计观念等产生的社会因素、人文要素等,并对其形成原因、表现形式进行客观分析与探讨,即理论分析与判断的过程。服装评论就是对服装相关事物、人物和现象的评价与分析。

(二)服装评论的定义

对于服装评论概念的确定,一直是服装评论研究者们关注的问题。虽然时尚媒体的受众颇多,但真正能说得清、道得明的,却是屈指可数。对于受众而言,服装评论依然扮演的是一个"熟悉的陌生人"的角色。因为究竟什么是服装评论,理论框架尚不完善;究竟具有哪些表现形式,具有什么样的特点,一切都好似未知数,众说纷纭。(图2-2)

有学者持这样的观点:服装评论应当是针对现当代服装以及与服装相关事物和现象的评价和分析,是一种共时性研究,而非历时性研究;有研究者赞同:服装评论类似于一种解说的形式,即是对服装相关组成要素,重新"品头论足"一番;有的业界人士则强调服装评论必须具有内在的质疑与反叛精神,并具有慎独性与独创性;而认为似风花雪月之洒脱而不含任何质疑性的话语或文字,同样也应归属于服装评论的范畴;服装评论不会因缺少理论而不算是评论,也不因缺少理论而减弱评论的效果等等看法和理解的也不乏其人。

关于服装评论的定义,真可谓仁者见仁,智者见智,各抒己见,各持己见。由于其出发点与角度不同,往往导致观点的差异与相背。归根结底,其区别主要在于研究对象的界定上。

包铭新先生在《时装评论教程》中对服装评论给出了一个广义的定义:"时装评论定义为在大众传媒上发表的、针对时装以及与之相关的各种人物、事物、现象的评论性、介绍性、描述性的文章、节目和图片说明的总称。"[①]

因为时装具有一定的流行性与周期性,其范围一般定性于具有鲜明时代感的流行服装的行列,与时装相比,服装的范畴则相对宽泛和全面。基于此,我们尝试对服装评论作出了一番新的表述:

图2-2
美国版《VOGUE》2010年三月刊中 Daria Werbowy 的服饰装扮

———————————————
①包铭新.时装评论教程[M].上海:东华大学出版社,2005.

所谓服装评论是评论者借用大众传播工具或载体，针对服装相关的各类现象、问题、事实直接表达自己意愿的一种介绍性、思辨性、描述性的论述形式。服装评论在报纸、广播、电视和网络上有不同的表现形式，或文字、或声音、或音像结合、或图文并茂，构建起一个与受众交流的平台。

1. 服装评论的狭义与广义概念

概括而言，服装评论是指按照一定的评价标准，对服装相关事物、人物和现象所作的研究、分析、认识和评价。它强调运用一定的标准对服装相关事物、人物和现象进行诠释和评价。

狭义的服装评论是指针对服装，即包括面料、款式、色彩、配饰、图案纹样、结构方法、制作工艺，还有服饰搭配与妆扮、服装品牌、设计师、流行趋势、时尚事件、美学思潮、设计风格、生产销售、行业新闻等现象、问题、事实的观点与见解的直接表述。(图 2-3)

广义的服装评论指评论者运用一定的观点，对服装现象的本质和规律的研究，对服装设计师、服装作品、设计思潮、时尚现象等所作的探讨、分析和评价，其"可以是在大众传媒发表的，也可以是单独集结出版或以其他形式发表的散文、报道、评论、杂谈等各种文字"。①

2. 服装评论与艺术评论

虽说艺术与设计有着不同的功能指向，艺术的首要功能指向

图 2-3
设计师 Madeleine Vionnet
1939 年作品

①包铭新.时装评论教程[M].上海：东华大学出版社,2005.

了精神,而设计的首要功能指向了功能。但是艺术与设计却是一对孪生兄弟,它们都以视觉形式呈现出来,都蕴含着审美情怀。艺术评论与服装评论虽然评价标准不一,但内在的价值评判和审美艺术标准却有着千丝万缕的联系。因此艺术评论对服装评论具有一定的指导和借鉴作用。两者既相互联系,又相互区别,构成各具特色的评论体系与评论方式。

服装评论与艺术评论均以审美欣赏为主要标准,通过"评论影响艺术的观众和听众,促使他们的艺术趣味和社会目标的形成"。[1]艺术重在追求一种精神需要,艺术作品所流露的是创作者内在心灵。服装以追求物质需要为基础,以能满足穿着对象的精神需求为目的。对于艺术评论而言,由于其艺术对象更多地倾向于精神领域,更为关注的是精神生活领域,因此艺术作品呈现的是一种审美感受的表达;对于服装评论而言,由于其服装对象更多地倾向于现实生活,更多关注的是物质生活与精神生活的双重领域,所以服装作品或产品所体现的既是一种逻辑思维的科学判断,同时也是审美情趣的一种隐射。

服装评论与艺术评论从历史溯源看本是同源,它们之间存在着不言而喻的联系,但服装评论从艺术评论逐渐分离,形成了不同指向的评论体系。其一,艺术作品并不刻意地追求实用价值,不存在绝对的功利性目的,因此艺术评论更具主观性;服装则不同于纯艺术对于光与影、声与色的意识性塑造,它以人为本,且以人为表现要素,是将实用性、功能性与艺术性相结合作为其终极目标(除用于艺术展示的服装创意作品外),因此服装评论除对审美欣赏的评论外,还包含对服装实用、功能和艺术美等方面的评论,更具客观性。其二,艺术崇尚体验,意蕴的是一种含蓄与朦胧的思想意境,所以艺术评论具有相对独立性,更倾于以表达心灵感动与情感意味为目的;而服装追求的是科学技术和审美价值的结合,强调的是穿着对象与服装之间的关系,因此服装评论又是审美评价与功能评价的综合体,是艺术性、社会性、生理性和心理性的合成与裂变,是以大历史、大科学、大美学为评论视角的。

3. 服装评论与服装鉴赏

服装评论与一般设计批评不同,它更贴近民众的生活,它与人的生命美学态度紧密相联,服装评论是建立在舒适性基础上的实

①尤·鲍列夫.美学[M].冯申,高叔眉,译.上海:上海译文出版社,1988.

用审美判断。因此,服装鉴赏是服装评论的基础与前提,服装评论
是服装鉴赏的提高与升华。(图 2-4)服装鉴赏与服装评论是一种特
殊的思维活动,它们的共同对象是服装活动,共同的功能指向是使
服装活动与人们产生联系,也是检验服装社会功能效应的重要途
径。从鉴赏和评论的客体而言,服装鉴赏的对象是具体的事物或人
物,如服装作品或产品、设计师、图案纹样等;服装评论的对象也同
样包含着以上所指。从鉴赏和评论的过程来看,无论是服装鉴赏还
是服装评论,一般都是从形象的感知开始,经过感受、体验、分析、
鉴别,最后作出自己的判断和评价,即两者都需要经历由具体到抽
象,由感性到理性的发展过程。从鉴赏和评论主体的角度而言,无
论是服装鉴赏还是服装评论,都受到服装鉴赏者和服装评论的思
想观点、生活品质、文化修养、审美视野等主观条件的影响。

服装评论和服装鉴赏用不同的态度和方法看待服装。(图 2-5)
其一,体现在鉴赏和评论对象的范围上。服装鉴赏的对象是具体有
形的事物,而服装评论除了具体有形的事物以外,还包括了更为宽
泛的时尚现象,评论的议题范畴要宽泛得多,兼容了具体性与抽象
性;其二,体现在鉴赏和评论的落脚点上。评论是基于鉴赏之上的
一种提高与升华,评论不能驻足于鉴赏的层次而应该向更深层次
迸发,不能只停留在感性体验中而应该向理性思辨发展,不能仅仅
满足于鉴赏、享受和感觉,而应该向评价、判断和探讨迈进。也就是
说,服装评论要基于服装鉴赏,但又不能停止不前,要对对象作更
科学的考察与透析,即详细地占有材料,系统周密地分析研究,掌

4 | 5

图 2-4
DreamShop. Yohji Yamamoto
在 Antwerp 时尚博物馆展出

图 2-5
时尚与设计"坐在设计时尚的
椅子上和传统经典的椅子上的
感受也不同",选自题为"简单
的思想让奢侈过时的文章"
《ELLE》1971 年 5 月 24 日

握与评论对象有关的大量事实和思想材料，然后作出理性的评价与判断。

二、服装评论的内涵

(一)服装评论的特性

服装评论是评论者对其独特想法与自由意志的一种表达形式，其表达过程是个人审美理想与时代风尚的一种明证，其结果是对服装现象背后某种文化积淀的挖掘。同时服装评论的意识和想法的产生具有某种宽泛性，评论的表达方式可根据评论者的主观意愿，而表现出一定的自由性。

1. 评论构思的宽泛性

服装评论是以服装为对象的，它是服装活动中的一个独立自主的活动项目。在实际的服装评论过程中，不管是直接面对服装作品，还是针对服饰现象或设计思潮等方面的评论，在评论的起始到终结过程中，评论意识的产生和评论的对象始终在评论者脑中具有宽泛性。评论者在构思的过程中，首先围绕评论对象，作综合性的考量，某一服饰潮流的出现不会是孤立现象，一定和历史文化、现状有密切的联系。评论在诠释、解析这些现象的过程中不断丰富自己的评论构思。构思具有想象性，因为评论的内容有时并不直接存在于对象的外观上，如内部结构、流行风尚、文化观念等，评论的意识通过构思将这些因素转变成审美体验，然后运用评论者自身的各种知识的互相对比、检验和选择，形成相应的观点即评论的内容。(图 2-6)

例如时装设计师王新元在评论改革开放后的二十年中，就领导人提倡穿西装从而引起中国人穿着习惯的变革时，他认为领导人在倡导国人穿西装的做法并不是试图抛弃中国传统服饰和孤立于服装本身，相反，他们是以该服饰信号来告诫世人，要突破传统观念，大胆革新，取西方文化之精华，弃传统之糟粕。同时，也是某种政治观念的表达。

"当时的国家领导人，要比第一代领导人开放得多。在倡导改革开放的同时，也引进了外国的服装形式。他们带头穿西装，是一种信号，就像脸红不是羞涩就是兴奋一样，形式和内容在哲学意义上是不能长期违背的。这种信号告诉人们，国门要打开，好的、美的东西要引进……"[①]

图 2-6
菊紫在 Vogue 论坛发布一篇题目"向大师致敬 模特演绎著名时装设计师"中一张模特模仿"对剪裁毫无兴趣，只喜欢将穿上身的衣服拉拉扯扯"的设计师Vivienne Westwood

①王新元,祁林.把服装看了:王新元访谈录[M].北京:中国纺织出版社,1996.

显然,设计师王新元的评论对象并非西装本身,而是新出现的服装现象背后所提供的深层意义。

2. 评论方式的自由性

服装评论的表达是一种自我意志伸展的展现,是评论者依据一定的知识、独立意志和独特的审美趣味,把其在视觉、触觉或听觉上的感受转换成某种文字、声音或图像等的一种自由表达。自由表达的结果是多样的,实现的过程可以透过语言;为了传达与交流,可以用言语的方式,包括文字书写;为了吸引或加深印象,可以通过图文并茂的形式,可以配以适宜的声音或动画及图像等。这种自由性的表达还可以表现为评论方式的自由选择。

▲ 前途

图 2-7
叶浅予作《前途》

例如对于民国时期女性形象的评判,著名漫画家叶浅予先生选择了用画笔描绘的形式,勾勒出民国时期纷繁多样的服装样式以及都市女性的时尚装扮,从而隐射出民国都市女性对穿着打扮的关注和渴望成为时尚潮流引领者的内心欲望。(图2-7)而作家树棻对《上海滩的交际名媛》的评判,却是从纪实文学的角度,采用涓涓细流慢慢道来的方式,如实地为大家呈现了民国时期女性形象的另一番风景。

"给王吉起'黑猫'这外号具有双重含义。其一是由于她在嫁人之前曾在上海有名的黑猫舞厅中当过伴舞女郎,不仅擅长伴跳维也纳华尔兹和探戈等难度较高的舞种,还能表演西班牙和吉普赛舞蹈,常获得满场喝彩;含义之二是她常年穿黑色衣裙或旗袍,束玫瑰红腰带或辫带,一直都是这样的颜色搭配,只是服装式样不同而已。"[1]

作家用诙谐幽默的手法,将民国时期被多家小报称为"乱世佳人"的王吉的个人经历、才华个性与服饰装扮描绘的淋漓尽致,从而真实地反映出民国名媛的生活方式和真实状况。

3. 评论观念的独特性

服装评论的观点应该是具有独特性,作为评论作者应该具有慎独的情怀,评论作者不应该与被评论对象之间有利益的纠缠。

服装评论一旦被商业宣传和品牌策划包装所左右,由此而产生的"评论"文章就失去了独立的思辨意识,沦落为为服饰宣传而宣传的矫饰文字,极有可能对受众和消费者产生误导。

服装评论就其思想性而言,一篇好的评论要有独特审美视角、

①树棻.最后的玛祖卡[M].上海:上海文艺出版社,2005.

敏锐的视觉洞察力,以及对流行的把握能力。甚至还应有独特语言风格,让人们在聆听和阅读评论之时除了对生活美的启发之外,还有独特的语言修辞美的享受。

综上所述,即便是针对同一时期相似的评论对象,由于评论者自身文化知识结构、社会知识结构、理论知识结构的差异,加上主观意愿的不同,使得服装评论的视角与评论的表达方式呈现出极大的丰富性与自由性。

(二)服装评论的功能

在近三十年的发展中,中国服装产业已经成为关乎国计民生的大产业,工业化的推进,品牌战略的形成,名师战略的倡导等,围绕着服装而产生的产业链,形成了强大的产业经济。其中服装评论为中国服装的发展注入了一股鲜活的动力。服装评论通过思辨性的文字、理性的分析和独特的视角,品味、发掘隐藏在服装内部深层、深远、多样和宽泛的意蕴,引导受众和消费者产生审美感知,从而营造出一个宽松和健康的评论社会环境。

1. 服装评论的审美功能

服装的受众或消费者是服装评论的接受主体,由于他们自身状况,如审美感知能力、文化素养等的千差万别,所以对服装有着诸多的弹性理解。服装评论的作用就是面向受众或消费者,开导感知、启迪想象,帮助受众或消费者理解服装的审美意向、独特喻意,唤起受众或消费者对服装审美形式的关注,通过细致的评析,努力拆除审美感知障碍,帮助受众或消费者获取更多的审美快感。

"《天一夜宴》给时尚界及舆论界带来的争论,似乎还体现在中国传统的封闭性与现代时尚的开放性如何阐释的问题。特别是四套近乎裸体的黑色透薄服饰,在天一阁这一书香之地出现,让观赏者有一种惊世骇俗的感觉。我认为新元把这场时装秀放在天一阁,或许主观上并没有考虑到更为深沉和敏感的问题。(图2-8)然而,我们如果揭开中国历史的帷幕,就可以发现,当欧洲告别黑暗的中世纪步入高扬人性的文艺复兴盛期之时,中国也出现了一种人文主义的倾向。范钦的时代正是明代中叶向晚明的过渡期。当时宋儒礼教受到前所未有的冲击,许多文人士大夫不仅以自身惊世骇俗的行动高扬人性,冲击礼教,而且还用大量文字为冲击礼教张目。除了人们所熟知的《金瓶梅》、《三言》、《两拍》等宣扬人文市民理想的小说外,赤裸裸的色情小说《绣榻野史》和春宫画等色情宣传品

均出自这一时期。况且历来中国古代士大夫在人格上有其虚伪的两面性。玩小脚、小妾、丫环,即使研讨性修炼也不足为怪。有人假装道学,表面受礼而暗里纵欲;有人自压人欲,却对礼教发动攻击。如果说,天一阁作为传统文化的代表,又是处于明代这一特定的历史阶段,今天的时装发布会反而有一种历史的轮回感,时装发布会除了阐释中国式的精神内核外,不正是人性的张扬和思想的启蒙?我真正为这样一台时装发布会而感动,在它演绎的现代时尚理念背后,精神是中国的。因此,"天一夜宴"时装发布会所渗透的理性哲学和客观上对中国传统与时尚的思考是深邃的。与有些设计师装神弄鬼、抄袭拼贴的作品发布会相比,《天一夜宴》留给我们无尽的遐想。"[1] (图 2-9)

图 2-8
王新元携模特陈娟红在 2002
年 9 月苏州国际丝绸节"江南
寻梦"服饰发布会中的谢幕

图 2-9
模特吕燕在 2002 年国际丝绸
节的发布会中展示王新元的
服装作品

8 | 9

这是服装设计师王新元"天一夜宴"时装发布会曲终席散,余音未了之际,时尚评论家所写的一篇评论。评论家通过阐释发布会中的服装作品,特别是"四套近乎裸体的黑色透薄服饰",挖掘出设计师的创作旨趣和意图,深层次地解析作品背后所隐射的文化内涵。设计师的初衷 "或许在主观上并没有考虑到更为深沉和敏感的问题";而评论家则以其丰富的文化素养、鉴赏经验和读解经验,引导受众或欣赏者更迅速、准确地"得诗人之关键,窥作者之阃奥"[2];通过评论家由浅至深的层层解读,消除了受众的欣赏障碍、视野的局限和对作品肤浅、含糊和不充分的理解,从而在内心形成一种审美共鸣。

①李超德.传统与时尚新理念的饕宴[J].ELLE,1999.
②陈俊卿.巩溪诗话序[M]//丁福保.历代诗话续编.北京:中华书局,1983.

图2-10
秦岭著一篇题为："王新元的
浪漫"

"艺术评论同作品发生相互作用,它理解作品的意义,并且围绕着作品制造舆论。艺术决不出半成品,只是由评论来把这些半成品变成审美消费品。评论作为催化剂,有力地加强了公众对作品所包含的艺术观念的理解和掌握。"①评论作为服装评论主体与客体之间交流的中介环节,它能够帮助受众或消费者解读服装的特殊情调和探究服装作品或现象背后的深层寓意,激发受众内心对美的共鸣,引导和培养受众的审美情感与审美情趣。

2. 服装评论的社会功能

服装评论面对的不仅仅是服装研究人员、服装从业人员,它渗透到社会的各个层面,因此服装受众具有广泛的社会性。服装评论的社会功能首先表现为通过服装评论为受众创立良性的导向意识,进而为服装评论营造健康与宽泛的文化氛围,最终在评论的主客体之间构建起一个宽松的互动平台和交流空间。(图2-10)

(1)创立良性的导向意识

服装评论具有一定的引导作用。从广义而言,服装评论是要引导中国服装未来发展的正确走向;从狭义而言,对于服装消费者而言,服装评论是要引导他们的着装、消费等;对于服装设计师而言,服装评论是要引导他们的设计理念、设计风格、设计手段等与国际时尚接轨;对于服装教育而言,服装评论是要通过评论和教育引导学生理解现代服饰艺术,教会学生批判地审视新服饰艺术,培养学生的想象力和个性,陶冶并激发他们内心最深层、最富有创造力的意识,等等。

例如将"私人衣橱顾问"概念引入中国的第一人,纽约时尚评论家沈宏,在2005年推出的《衣仪天下》一书中,针对现代职业女性的服饰妆扮、着装礼仪和穿衣理念等方面提供了颇有见地的指导性意见。评论家以其丰富的职业经历和深厚的专业修养,引导现代职业女性走向族群认同的"时尚高速公路",并使她们能简单、快捷、实用地掌握公认的女性着装礼仪的国际标准;②评论家在传播着现代衣着文化的同时,还帮助读者在其日常生活中能够如鱼得水地将时尚与实用、理性与激情、规则与创意实现完美结合,引导和提升他们的欣赏水平和审美视野。

①尤·鲍列夫.美学[M].冯申,高叔眉,译.上海:上海译文出版社,1988.
②沈宏.衣仪天下[M].北京:中信出版社,2005.

(2)营造健康的文化氛围

诚如托马斯·门罗所说："如果没有批评家,世人对艺术的需要就会大大减少,同时人们的艺术欣赏能力也将大大降低。即使批评家的批评是错误的, 它可以引起争论,从而增加人们对艺术的兴趣。"①服装评论就是要通过适宜的评论,诱发受众对服装的关注,激发起他们参与服装活动的兴趣, 从而营造出一个宽松的舆论环境和健康的服饰文化氛围。

比如中国的服装设计因受传统观念的影响, 曾一度被视为尴尬的职业,服装设计师更是被服装企业的老总认为是他的打工仔,被群众认为是"戴着老花眼镜、脖子上挂着皮尺、手拿剪刀、佝偻着背的老裁缝"等。"对设计师的捧与贬全仗舆论的力量,如果要说今天服装设计师的尴尬境地, 舆论导向是服装企业和设计师出现迷茫的症结。"李超德在《对服装设计师何必这样刻薄》一文中,奋笔疾呼,据理力争,认为"设计师直接设计的是产品,间接设计的是人和社会。为他人设计,为他人的外貌和生活方式的设计是服装设计的物质功能中包含精神因素的真正目的, 同时也是设计师与裁缝的区别之所在。"评论家用设计学的理论为设计师"正身",消除社会中所存在的一些片面的、主观的、偏颇的狭隘认识与理解;同时呼吁大众关注服装设计的发展,"给予设计师以理解, 给予设计师以正确的舆论支持",为设计师营造出一个宽松的舆论环境和健康的文化氛围。

(3)构建宽松的互动平台

没有评论者的参与,"纯粹独立的艺术消费几乎是不可能的,不然就是一种对艺术才能的神化。艺术风格越是发展,艺术作品新奇的成分就越是丰富,艺术消费者对作品的接受就越是困难,这时就越需要中介者的参与和帮助"。②中介者不仅是服装评论的主体即评论者,同时还应包含服装评论的客体即服装受众。服装评论可从受众所关心的服装热点和社会现象的实际出发, 积极地鼓励受众加入到与评论者讨论的队伍中,从而在评论的主客体之间构建一个宽松的交流平台。

例如北京服装学院的胡月老师就曾"借用上课的机会",在服

①托马斯·门罗.走向科学的美学[M].石天曙,滕守尧,译.北京:中国文艺联合出版公司,1984.
②豪泽尔.艺术社会学[M].上海:学林出版社,1987.

装设计专业大一的学生们（这些学生对服装基本没有进行过专业教育）和她的研究生们（接受过数年的服装专业教育）中间分别进行了一次以"设计师与服装"为主题的大讨论。其结果是"大一的学生单纯可爱，对服装这个行业知之甚少，仅知其表，不识其里"；而"研究生的理论水平比我还高，分析起来头头是道"。这次讨论就好比是评论者与受众之间的交流，评论家通过"上课"这样一个平台，给予学生交流的话题和机会，通过讨论、论文等形式激发学生对服装的兴趣，启发他们从不同角度进行多方位的理解与思考。其结果必然是，当"将研究生们的论文作业读给大一的学生听，再加上我在课上的讲述，他们又活跃开了，似乎是茅塞顿开，纷纷发言"。延伸至社会这一大范围，我们是否也可以向胡月教授那样，试着为服装受众提供更为广泛的交流机会，让服装受众踊跃地参与到服装活动中来，共同建立起一个宽松开放的互动平台。②这种互动形式因为有了互联网的互动平台，变得平常而又丰富，权威和民众可以置身在平等的地位上共同探讨同一个问题。当然，这种学术的民主、交流的民主化方式，又会涉及更为深层次的问题，譬如：学术如何宽容，又如何自律，评论观点是否健康，宣传意识是否有利于青少年的成长。这似乎又是网络时代所面临的公共道德和信任危机问题了。

附文　　对服装设计师何必这样刻薄

李超德

近来在不少场合，许多业内人士和服装企业老总对服装设计师的作用与地位有不少评价，而且多半是贬义。媒体也有文章用武侠小说的样式分门别派对设计师进行嘲弄与戏辱，似乎中国服装设计师一夜之间从企业"灵魂"的辉煌金顶跌入阴暗低谷。甚至有的名企老板讽刺说，设计师也是我的打工仔，我从不相信什么设计师。天知道就在不远的昨天，他仍然是镶着大金牙，戴着黄澄澄的大戒指，一脸乡村暴发户的派头。还有自诩市场型的设计师在商业利益的鼓噪下，也开始抨击起设计师队伍，惟我独尊。更有半吊子理论家和专家对设计师说三道四，以服装业的救世主自居。

长期以来，中国的服装设计是一项尴尬的职业，它既没有科学

①胡月.设计师与服装[M].胡月.轻读低诵穿衣经.上海：中国纺织大学出版社,2000.

家那样具有成就感而倍受人尊敬，也不像一般小文人拥有慎独的情怀而悠闲自得，他们整天为自己的生计而劳作。稍有常识的人都知道，早先的服装设计师似乎总是灰头土脸，在企业中的地位犹如服装作坊的裁缝、发廊的"广东师傅"。因为人们在物质条件相对贫乏的社会生活中，无法将现实中戴着老花镜、脖子上挂着皮尺、手拿剪刀、佝偻着背的老裁缝与设计师划上等号，那就更不用说服装设计作为一门专业走进崇高神圣的大学课堂。历史总是公正的，为中国服装设计事业先吃螃蟹的那批人，尽管有这样或那样的不足与缺憾。但是，这十五年来，正是有了王新元们、张肇达们、吴海燕们的努力，正是有了时装周、博览会这样的舞台，正是有了国内经济的高速增长，才有了服装设计事业的大发展，才有了设计师在实现自我价值的同时，为美化人民生活，提高人们服饰审美趣味发挥的特殊作用，设计师才真正成为人们美慕的职业。（图 2-11）或许是年轻的设计师们注定要王新元、张肇达、吴海燕们让路而有些急不可耐。但是，前人栽树，后人乘凉的道理应该懂得，没有他们的开拓，哪来今天的艳阳天。况且国外设计名师的常青树老拉格斐费尔德、老华伦帝诺、老伊夫圣诺朗、老森英惠至今仍活跃在时装 T 台上。谁成谁败，尚难预料，一切对此而生的嘲弄与轻蔑都是浅薄的。

图 2-11
吴海燕《起承转合》作品之一，曾获 1999 年第九届全国美术展览金奖

对设计师的捧与贬全仗舆论的力量，如果要说今天服装设计师的尴尬境地，舆论导向是服装企业和设计师出现迷茫的症结。譬如："兄弟杯"是青年服装设计师的创意大赛，被媒体吹成了最具权威性的奖项，我毫不怀疑"兄弟杯"在服装设计大赛中的应有地位，但是"兄弟杯"客观上对设计师和服装设计专业学生产生的误导是不容忽视的，获得"兄弟杯"的奖项被神化，似乎获"兄弟杯"就是名师了。同时，有些媒体炮制出来的所谓评论文章，给设计师虚假的舆论支持，让设计师陶醉在自我欣赏的自恋激情之中，加速了设计师昙花一现般消失的速度。特别是那种对当代设计艺术真实状态缺乏客观了解，但又喜欢站在火热的生活边上评头论足自诩评论家的人，往往以精神贵族的姿态，常常给人错误的信息，把设计师说得云里雾里，使媒体评论失去应有的思辨光辉。（图 2-12、图 2-13）

图 2-12
中国美术学院学生凌雅丽的作品《豆》获第十届"兄弟杯"中国国际青年服装设计师作品大赛金奖

中国服装设计高等教育初创时的硬伤，导致设计人才培养的许多误区与歧义，不能不说也是原因之一。特别是艺术院校和综合院校中的艺术系科，从一开始就将服装设计视为艺术专业，沿袭培养美术家的方法与传统，更多地关注视觉领域的设计，忽视工艺、市场、销售环节的学习与实践。难怪中国美院的张辛可老师要疾

呼："服装不是画出来的,是做出来的。"细纠张老师的观点,为了强调设计中的某一个方面,似乎又将服装设计围于技巧论和工艺论的围城中去了。有一篇文章说,服装设计首先是门艺术,并以此来褒扬一位极具个性的设计师,实质上又混淆了艺术与设计的概念,以至于我们仍然要为什么是艺术和什么是设计而费尽口舌。分析原因和问题,得出两个基本的结论。第一,将服装设计当作艺术活动看待,混淆艺术与设计的终极目的,把设计当作艺术,夸大精神功能极端突出所谓"我"的艺术个性,有时一台时装表演几乎成为行为艺术。第二,把技术设计混同于设计,使技术与工艺被无形夸大,掩盖设计中的美学部分,流于技术设计的功利论。由此形成了设计教育中的泛艺术化与泛工艺化两种极端的教育思想,从而出现互不相让指鹿为马式的争论。

设计(design)"既是艺术的,又是科学的一个部分",设计是科学、技术和艺术有机统一的交叉学科。艺术和设计从历史的溯源看本是同源,都是造物文化的分合离散所致。因此,它们之间存在着亲密关系是不言而喻的。但是,艺术从技艺中分离出来走上一条独立发展道路以后,就形成了不同指向的体系。艺术追随的终极目的是人的精神需要,而设计最终是为人的物质需要而设计。设计作为工程技术与美学相结合为基础的设计体系,它又不同于一般意义上的设计,技术设计旨在解决物与物的关系。设计在解决物与物关系的同时,特别强调解决物与人的关系,关注产品的视觉造型、形体布局、表面装饰和色彩搭配,同时还要考虑产品对人的心理、生理的作用。(图2-14)设计师与裁缝由于历史的继承关系,容易造成性质混同。服装设计师由于工作的特点,往往要亲自动手进行制作,因此服装设计师又始终和最初的服装结构设计平行进行,对整个产品负责,而不仅仅对服装的艺术性和美学问题负责。一位不了解生产技术的设计师是不可想象的,只有当设计师既不是技术工艺的奴仆又了解技术工艺时,设计师的个人才华与风格才可能自由表现在自己构思设计的产品中。服装设计活动中充满着艺术的诱因,除了形式因素外,设计中的文化指向,即设计师按照人的需要、爱好和趣味设计服装,使服装设计活动增添了艺术的魅力。正如有品味与艺术才华的服装设计师所做的那样,他所设计的不仅仅是女装,而是女性本人——她的外貌、情态和生活状态。(图2-15)因此,设计师直接设计的是产品,间接设计的是人和社会。为他人设计,为他人的外貌和生活方式的设计是服装设计的物质功能中包含精神因素的真正目的，同时也是设计师与裁缝的区别之所在。

　　要说服装设计师的问题可以找出千万条，关键看能否用理性与宽容的态度、客观与健康的心态来评价。或许有些问题是发展过程中不可逾越的，或许有的情况是可以避免的，造势也好，市场也罢，服装为了品牌的推广不正需要造势？为了提高人们的服饰审美趣味，艺术品位不是多了，而是少了；为了提高企业的经济效益，当然要追随市场的瞬息万变。对服装设计师何必这样刻薄！给予设计师以理解，给予设计师以正确的舆论支持，给予设计师以警示，而不是成也设计师，败也设计师，一窝蜂地戏弄设计师，因为中国服装业需要更多更成熟的设计师。对服装设计师何必这样刻薄。

　　　　　　　　　　　　　　　　　——原载《服装时报》

| 13 | 14 |
| 15 | 16 |

图 2-13
意大利克里斯蒂娜·勒琵的作品"黑领带，白领带"获"汉帛奖"第 14 届中国国际青年设计师时装作品大赛金奖

图 2-14
邹游设计手稿

图 2-15
2008 年 11 月在中国美术馆举行的"科学·艺术·时尚"北京服装学院教师作品展中邹游的作品

图 2-16
This is YOU'Z Clothing shop，转引自：邹游新浪博客

第二节　服装评论与相关因素的关系

服装评论的基础是服装设计作品，这就如同先有《红楼梦》然后才能有"红学"一样。服装评论脱离了服装作品就成了无源之水、无本之木。服装评论的逻辑起点是服装作品、服饰现象、潮流趋势。任何过高论及服装评论的观点都是不恰当的。服装评论从根本上说是围绕服装而展开的，只不过它们互为依托，互为支撑，互为发展罢了。同时，设计与艺术不同，它不可能孤芳自赏，也不可能留在后世待价而沽，设计必须当时被接受、被社会消费。这是由设计的目的所决定的。设计批评，包括服装评论不可能有独裁，一锤定音。因此，服装评论包含着广泛的民主意识。

一、服装评论与服装设计的关系

（一）服装评论是评判服装设计实践的标尺

服装评论在服装界占有特殊的地位，其对服装设计实践的评判价值更是不言而喻。例如在每一季的发布会中，就座前排的往往是一些专业媒体的主编、记者等构成的专业评论队伍。而这些资深的评论者们以其敏锐的时代触角，精准的分析能力，客观的言论为刻度，用心地去评测一场时装发布会的成功与否，其专业评论具有很强的权威性和指导性。

名师既有得意之作，也难免有些败笔之残。因此，一场秀的余音尚绕之时，服装设计师和服装受众们纷纷关注的是媒体的评论之作，而非千篇一律地大幅报导与介绍，亦或是吹捧之类的调侃之文。

刘洋和"七匹狼"的运作，似乎非服装设计因素起了主导作用，直接影响了参观者们的思想情绪。……由于刘洋设计素材和题材的陈旧，而使发布会既没有给人们以流行的什么"概念"，也缺乏"七匹狼"对新的时尚的向导。无论是黑非洲的酣畅，还是来自欧洲和中东的情调，这些创作元素的提炼、概括、演绎，无法化为服装的内在精神，时装发布会给人造成了一幕历史故事舞台剧的感觉。所展示的服装如果作为一个整体欣赏时，系列与主题之间的拼凑痕迹，使观赏者很难与"七匹狼"的品牌定位和理念有机地结合起来。

……①（图2-17、图2-18）

评论家以专业视角和理论的眼光，揭去了设计名师周围的光环与屏蔽，通过评论这把标尺公正与公平地衡量出其应有的尺度。在美国，任何服装设计师都会在发布会后，特别关注专业报纸《WWD》所给予的评价。服装评论者们以其独特而崭新的视角，以其丰富而深厚的服装美学、服装社会心理学、服装营销学、哲学等专业知识，以其精准而犀利的服饰分析语言将看似神秘莫测、迷雾虚幻的流行加以阐释，使服装设计变得更为真实透彻、更为饱满丰富，从而引导受众者们对服装设计的理解与接受，拓展服装设计的市场价值。（图2-19、图2-20）

服装设计绝对依赖它的批评者。其实设计批评者与设计品的关系是一种密切的互动关系。20世纪60年代兴起的接受美学（Aesthetics of Reception）认为，一件作品的价值、意义和地位，并不是由它本身所决定的，而是由观者的欣赏、批评活动决定的。因为，服装评论与服装设计的关系既可以从设计的实用功能和社会效果方面寻求解释，也可以从审美关系上找到答案。

（二）服装设计丰富了服装评论的内容

从服装学的角度分析，服装设计既包含款式设计、造型设计、面料设计、图案设计、工艺设计等，这是服装设计的一种具象表达；同时它又包括服装设计的文化、服装设计的理念、服装设计的创意、服装设计的艺术等，这是服装设计的一种抽象表达。服装设计

图2-17
设计师刘洋

图2-18
刘洋2010"月宴"系列作品之一

19 | 20

图2-19
前任美国版《VOGUE》主编：
安娜·温图尔（Anna Wintour）

图2-20
《国际先驱论坛报》资深时装
评论员

①沙小帆.我看"与狼共舞"[N].中国服饰报,1999-01-15.

既可以是一种实用与功能兼备的服装，可以是一种新奇与创作相融的服装作品，也可以是一种视觉艺术品的服装。"作为艺术设计的服装，应该是不同于普通的衣服，不同于日常起居的衣裳，当然也应不同于服装行业里所谓的创意比赛作品，我以为，应该更加艺术，更加富有创意。"①29 如日本设计师三宅一生曾设计的"Pleats Please"服装系列，"以一种颠覆传统的形式，来达到'衣'与'人'之间最大程度的自由，是对东方'天人合一'的禅境最佳的现代诠释……那些色彩浓烈的皱褶面料的服装挂在墙上，就像一幅抽象画作，用弹簧吊起服装，就是一组装置艺术。他的作品既是'艺术'的服装，也是可以穿戴的'衣裳'。"①30

服装设计可以说是设计师对外部世界的新鲜接触和唯恐稍纵即逝的一种情感表达；服装设计可以成为一场个人与群体力量的搏弈；服装设计可被认为是看似简单随意的变化与调整，即突破"色彩、面料、版型"等传统构成元素之外，使其形式发生一些创造性的变化；服装设计是现代人的生活形态的一种解构，是对社会的理解与诠释；服装设计是一种语言，通过设计语言、服装的结构语言解析变化成一种新的造型……这些均构成了服装评论的内容。可见，在如今一个基本解决了温饱问题的群体中，服装设计这一概念的内涵被逐渐丰富，其外延被拓展的同时，服装评论的内容也正变得日益宽泛而广阔。（图 2-21）

如袁仄所说，服装置于什么样的境地，要用什么样的承载样式，所要寻求什么样的功能效果，它所承担的任务是不一样的。中央美术学院的吕越老师多年来一直探索一种"Fashion Art"的教学模式。全国美术展览获奖作品中所倡导的艺术性服装作品，似乎这类服装既是服装又非服装，它们借用了服装的符号，表达了某种宽泛的文化、艺术、哲学的观念，客观上对人的视觉审美、生活美学有着巨大的影响，我们应该把它视为"殊途而同归"。因此，服装既可以作为生活的物质功能产品，又可以作为艺术的视觉的精神产品，它们之间有着千丝万缕的紧密联系，在一定的环境与文化母体中，可以互为转化，精神转化为物质，物质的又上升为精神性的享受。（图 2-22）服装作为人类特殊的物质功能性产品与精神文化产品相结合的产物，它所承担的任务也是丰富的，它的评论内容亦是丰富

①袁仄."服装"未必就是"衣裳"由第十届全国美展服装设计作品想起的……[J].美术观察,2004(11):29-30.

多彩的。

二、服装评论与服装设计师的关系

有了服装评论的参与,服装可以像艺术一样繁荣,而服装设计师却是服装设计繁荣的主力军,因此服装评论与服装设计师之间的关系是一种唇齿相依的关系,不容忽视。

服装评论需要服装设计师设计的作品作为评论依据。服装设计师需要服装评论对其作品进行褒扬或批评,褒扬是对设计师成绩的一种肯定,批评是对设计师作品再提高的一种激励。在很大程度上可以说服装设计师是服装评论的第一接受主体,服装设计师在这对关系中处在被动和接受者的地位。(图2-23)进入网络时代这种被动型的关系其实已经发生了转变。服装设计师可以借助自己的博客等网络平台,对批评者给予回击和反抗。因此所谓接受主体又有了特定时间的特定意义。

对于服装评论而言,服装设计师有时又扮演着双重角色。《把服装看了》就是王新元从一个著名服装设计师的视角出发,以访谈的形式,用"充满思辨光辉的语言和指点江山的风范,站在服装事

21 / 23
22

图2-21
Hussein Chalayan 2007 秋冬,由 LED 发光管制成的裙子

图2-22
李薇《夜与昼服装系列》作品获第十届全国美展服装类金奖

图2-23
Christian Dior 店里的楼梯,1955 年系列发布第一天

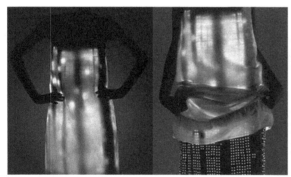

业的高度,涵盖服饰文化的许多领域,或掷地有声、或掩耳细语"。设计师以评论家的使命和职责,以独特的视角,对服装设计事业的昨天、今天和明天进行了卓有见地的评说。而作为当代中国服装设计师中的领头羊,王新元的设计风格、艺术才情等自然无以数计地成为媒体写手的评论话题和关注焦点。因此,服装设计师既可以成为服装评论的对象即客体,同时也可以成为服装评论的主体。

服装设计师与服装评论的关系好似鱼与水的关系,鱼离开了水,将变得不再活跃,不再欢腾;而若是没有了鱼,水将是一滩死水,毫无生气。鱼必须依托于水,生命才能延续,才能续写辉煌;水中必须有鱼的嬉戏,才能打破沉寂,激荡起涟漪和浪花。服装设计师的发展,离不开评论的帮助。没有思辨性的评论予以及时的点化与推介,设计师很难在设计的净土中健康成长,设计水准很难提高,设计师也无法吸引社会更大的关注和激赏。"音为知者珍,书为识者传",①没有评论者的睿智思考与慧眼识荆,服装设计作品所隐含的深远厚重的寓意就难以浮出水面;没有评论者的发现和释放,设计师的想法和追求就很难为受众或消费者所接受。

评论家与设计师常在一起交流碰撞,有些思想火花和设计才情由此而产生。凡有重大活动与时尚事件,都会会聚一堂共同讨论与启发。因此针对这些重大时尚活动、服饰事件、发布会,评论作者就有了更深切的理解与沟通,从中很难说谁给了谁启发,这种互动是双向的,互为彼此的,评论者与设计师之间的关系也变得是良性的、友善的、切入时弊的。

然而,服装评论的立场有时难免被设计师所左右,"服饰时尚界这几年来的喧嚣与浮华,雾里看花的背后,很少有人用理性的目光对名师作一个思辨性的总结。偶有调侃式的文章,也是隔靴搔痒、昙花一现。据说即便如此,一石也能激起千层浪,文章作者为此名声大噪,这不可谓不是时尚评论和理论界的莫大悲哀。"作为评论者而言,"任何名师和历史事件,我们都有责任给予他(它)严肃的评价和定位。"② 用"公正客观、经得起推敲"的评论褪却设计师绚丽的光环,还以本来,回归世俗,为设计师营造一个清新的舆论环境。

当然,当下服装评论与被评论对象之间的良性关系远没有建

---

①葛洪.抱朴子·喻蔽[M]//陈志坚.诸子集成:第5册.北京:北京燕山出版社,2008,537.
②李超德.我看张肇达之随想[N].服装时报,2004-01-02.

立起来。因为,有时设计师习惯于吹捧,自认为大师,听不见理性的
声音。甚至有时因为一篇评论,两者之间行如陌路人,结下仇怨。服
装评论和服装设计之间应该建立起一种更良性和绅士般的关系,
即便是思想火花的对抗,那也是学术层面的交流,不涉及人格
污辱。

三、服装评论与服装理论的关系

(一)服装理论是服装评论的基石

从学科分类理论角度看,服装评论被设计批评所涵盖。而设计
学研究则包括了设计史、设计理论和设计批评三个重要组成部分。
服装史学者的工作建立在批评判断之上,而服装评论家的工作基
础则源于设计史的常识、服装理论和实践经验。服装史家关注历
史,服装技法理论工作者关注技巧,而服装评论家关注的是设计师
作品、设计现象、设计事件、设计潮流。(图2-24)

服装理论的研究侧重于理论的角度,是对服装所作的全面关
注。从大的方面来看,它主要包括:服装史和服饰文化的研究、服装
设计理论的研究、服装艺术和服装美学等的研究、服装评论和设计
实践理论等方面的内容。这部分的内容具有相对的独立性,但它们
同属于服装理论研究的范畴,加之知识架构上的相似性,所以它们
之间有着必然的联系与相通。

服装评论,恰似象征公平与均衡的天平,一端的砝码是服装实
践,而另一端的砝码是服装理论。如果取去一端,天平就将失去平
衡,而倾斜向另一端。不依赖于服装理论的评论,其结果必然会失
之偏颇,晦涩暗淡,缺乏一定的力度与深度。因此无论是服装的评
还是论,都不能缺乏"理"的存在,只有把评论对象准确地运用相关
的理论去加以透析,才有可能在此基础上加以评论。

(二)服装评论是服装理论的提炼与升华

服装评论的整张篇幅不可能完全充斥着服装理论,否则就是
学术性论文,并非属于评论;但服装评论过程中同样不可能没有服
装理论的支撑,否则那就是介绍性的说明书,无法称之为评论。服
装评论的基本活动方式是:对服装评论的对象由形象感知与情感
体验上升到理性知识,运用符合服装与艺术逻辑的理论,进行概
论、综合、分析、论证、判断。这里的分析、论证等就是提炼出相关服
装与艺术理论中的要点来对服装对象加以评判,从而为评论提供
一个有力的理论支点。

当然,运用相关理论解释和评价服装对象并不是一件很容易

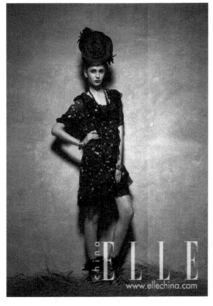

图 2-24
《爱丽丝梦游仙境》电影中的
服饰装扮对现代服饰的影响

图 2-25
"最后的面对面"Jamie Samet.
Le Figaro. 1992 年 7 月 31 日

24　25

的事情。有些评论者认为只要掌握一套理论,对服装评论对象大发自我感慨,就可以形成评论。但这样的评论却往往显得过于随意,缺乏科学性,更谈不上具有某种价值;还有一些人认为,借鉴西方的现代服装理论,用之统揽一切,人云亦云,使文字充斥着浓浓的理论色彩即可。而这样的评论最终会让受众或读者摸不着头脑,疑云一团,故而缺乏一定的可读性。因此,针对评论对象的特点,合理地选择和运用相关理论,并对之进行提炼,恰到好处地予以点评,是服装评论的必要前提和重要基石。(图 2-25)

第三节　服装评论对象及其评论者

　　按照尹定邦的说法,"设计批评的对象既可以是设计现象又可以是具体的设计品。设计品是一个很大的范畴"。"设计批评者是指设计的欣赏和使用者。批评者的批评活动可以诉诸文字、语言,也可以体现为购买行为"。①尹定邦的上述表达,较好地切合了设计评论对象和评论者的关系。服装作为大众产品,它必须被消费,大量

①尹定邦.设计概论[M].长沙:湖南科学技术出版社,2000.

的设计评论者实际上就是服装产品的消费者。服装设计产品绝对依赖它的评论者,它们的关系是一种密切的互动关系。

一、服装评论的对象

(一)服装产品的生产者

服装产品生产者,即服装生产的主体,包括服装的设计者、服装的制造者、服装的营销者等。(图 2-26)其主体性主要体现为服装设计或生产者的自我意识、社会地位、创作或生产的自主性;其创作意图和想象力表现为服装生产依赖于创作者和生产者的想象力,包括对外在世界、文化现象等的想象,这些想象通常来自对这些因素的深刻体会;其技法与表现能力表现为它们是构成服装足以与受众沟通的要件,高超的技术和表现能力使设计者的意图得以呈现;其认知力指的是服装生产者对其表现对象的理解与感知能力,包括对媒体、生活环境、知识、概念的理解与感知能力。

(二)服装的设计作品

服装设计作品是服装设计理念的物质载体,因此它包含了服装形式美规律、服装风格、服装创作或制作手法,服装的款式结构、服装的面料特征、服装的色彩搭配、服装的配件装饰,等等。当然在这些服装传统要素之外,服装设计作品的范围也得到延伸,它还包含服装设计的陈列方式、服装静态或动态的展示方式,服装、音乐、模特、灯光、观众的交汇,服装设计作品通过时间的重叠、空间的重叠、日常与非常规的重叠,所表现为观念上的创新等。

(三)服装的流行现象

"所谓流行,是指在一定的历史期间,一定数量范围的人,受某种意识的驱使,以模仿为媒介而普遍采用某种生活行动、生活方式或观念意识时所形成的社会现象。"[①]在西方,服装的流行归结为一群时装领袖,一大批流行服饰的模仿者和消费者。将穿着流行时装等同于成功、体面、吸引力,从而造成与大众之间的区别。因此,"服装是一种压迫工具,一种与穷人为敌的武器。它们用来告诉人们衣着豪华的人不同于其他人,而且由于其财富而胜过其他人。这些人穿在身上的衣服表明他们在智力、道德和社会地位方面的优越性"[②]。由此可见,服装流行现象同人的崇尚心理有关,而且涉及了人的地位、财富、文化观念等。因此,服装流行现象的主要手段是人类的模

---

①李当歧.服装学概论[M].北京:高等教育出版社,1998.
②珍妮弗·克雷克.时装的面貌[M].舒允中,译.北京:中央编译出版社,2000.

26 | 27

图 2-26
例外 2010 春装限量特别版
"她们"系列新品上市

图 2-27
《V》2010 年出版的第一期杂
志中的"尺码特刊"

仿本能,人们常常通过重复或仿效某些人的服装行为、穿着意识和着装观念,以求在心理上满足求变的欲望,在外表中获得与那些人同化的效果。

(四)服装的时空情境

服装的"时",可以理解为流行产生之时,服装生产之时,服装展示之时等;延伸开来,可以理解为现实所处的时代与所产生的时尚,包含时代文化、时代特征、时代发展和时尚元素、流行时尚、时尚潮流等。服装的"空"可以理解为服装的内外空间,包含服装的生存空间、发展空间、创作空间等。服装情境可以理解为服装发展的社会环境、人文环境、文化环境、经济环境、政治环境等。服装的时空情境几乎包罗万象,包容了国家政策、行业规范、社会文化、发展策略等众多领域和对象。所以,服装评论所涉及的范畴与对象异常广阔。(图 2-27)

二、服装的评论者

(一)服装的评论者是服装设计的欣赏者和消费者

无论是服装设计的欣赏者还是服装的消费者,他们都是服装产品的享用者与占有者,更应当是服装综合活动的参与者——因为只有当人与服装之间发生了积极的互动之后,服装的各种价值才得以体现,人的个性才能够真正得以释放。因此,可以说,服装是一个由人与产品共同构建的结果。服装设计不同于其他艺术,它不可能孤芳自赏,也不可能留到后世待价而沽,服装设计必须当时被接受,被社会所消费。

由于设计是为他人而设计,因此服装设计必须被消费,必须为服装设计的欣赏者和消费者所服务。不管服装设计自身带有多大的创作空间，只有通过欣赏者的审美认知、消费者的审美体验，才能激发他们之间不同的审美情感的表达。(图2-28)服装评论者的评论活动可以诉诸于文字、语言或是图片，也可以体现为对服装的购买行为。服装设计的特性决定了不可能由哪个权威一锤定音，而要通过欣赏者和消费者的感官触觉或穿着体验才能得到验证。从深层次而言，服装设计包含着广泛的民主意识，通过服装的购买活动来表达这种民主性的参与。

在服装评论中，服装设计的欣赏者和消费者实际承担了双重的角色。他们既构成了积极的服装评论信息的寻求者和信息源的反馈者，同时又根据他们的阅历、所处的地位、环境、知识文化水平、审美水平和对服装的理解力和想象力传达他们真实的审美感受和主观见解，从而构成审美信息高层次的接受者和信息的传播者。有时他们还把自身接受的单纯的审美信息上升到一定高度，创立出一种体现评论者审美观念的新的流行信息。

(二)服装评论者可以是业内人士，也可以是边缘人士

服装的业内人士指的是具有一定服装专业的理论，亦或是接受过一定的服装专业教育或培训，且拥有一定的服装实践经验的专业人士，主要包括服装教育者、服装从业人员、服装行业的专业人士等。业内人士的特点是知之甚多，具有深厚的专业背景，能够以其不可或缺的专业视角，通过其专业理论知识的梳理，解释设计者和生产者的创作意图。同时他们还可以运用服装美学和着装搭配技巧等知识指导受众如何审美和着装，引导受众完成设计和生产的最终目的——消费，从而倡导时尚和流行，为服装生产者和服

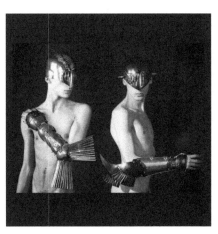

28 | 29

图 2-28
西班牙"金属高级定制"大师曼纽尔·艾尔巴蓝 (Manuel Albarran) 作品

图 2-29
美国时尚评论家 Blackwell，堪称时尚评论界的"毒舌"，自1960年起，每年发表"尖酸刻薄"的"十大最差衣着"

图 2-30
Lynn Yaeger 纽约《村声》杂志时装专栏作家

装消费者之间搭建起一座便捷沟通的桥梁。(图 2-29)

　　服装的边缘人士是相对于业内人士而言，他们不一定接受过专业教育，也不一定具有精深的专业知识，但他们都是服装设计的体验者，对服装的美与丑、个性与平庸等具有自己的辨别标准与审美感悟。(图 2-30)边缘人士的特点是不拘小节，文笔或浪漫舒畅或尖锐幽默，大大增强了服装评论的情趣性、美感性和休闲性。这是由于他们的社会地位、经济地位、文化素质、职业和年龄等各不相同，他们所感兴趣的话题，所关心的问题，所欣赏或所批判的也不尽相同。如有些文人非常擅长运用犀利的文笔调侃流行时尚，有些文化人则善于结合惯用的理性思维剖析服装现象；而一些走在流行前沿的时尚人士则惯于运用时髦的举动关注时尚动态，运用先进的词汇点评流行思潮等。

　　然而，我们应该看到，边缘人士与时尚评论家的边缘人的状态还不是一回事，边缘人士写评论是偶尔为之，评论家的边缘人状态则是一种心境，一种超脱于利益集团，超脱于一般的市俗审美，表达一种超然的审美态度。

　　服装是人类不可或缺的共享之物，在与服装的互动之中，每个人都有自己的体验与理解，都拥有抒发服装感悟的话语权。因此只要具备一定的语言文字能力和文化素养的人士都可以成为服装评论队伍中的一员。

第三章 "襟袂连生"

——服装鉴赏与评论

服装评论与服装鉴赏是一种以服装活动为主要内容的特殊思维活动,是服装与人们发生关联的桥梁,也是检验服装社会效应的重要途径。服装评论与服装鉴赏之间既存在着相互联系,又各具特点和规律,彼此间也存在着一定的差异性。研究和把握这些规律与特点,有助于提高人们的服装欣赏水平,推动服装评论的健康发展,促进服饰时尚业的繁荣。

第一节 服装评论中的审美理想与流行倡导

一、服装鉴赏与服饰审美

(一)服装鉴赏是一种审美活动

服装鉴赏对象极其广泛,不仅包括国际、国内时装周中服装设计师们的发布会,就连电影、电视剧中的人物角色造型也越来越受到服装评论家们的关注。如对热播电视剧服饰的一种审美与鉴赏活动,反映出评论者细腻的思想和敏锐的观察力。吴卫刚在《服装美学》一书中就对《橘子红了》中,叶锦添为周迅所扮演的秀禾一角色的服装造型设计进行了一定的评价。(图 3-1)

图 3-1
《橘子红了》中周迅的着装造型

"其着装较符合民国初期的服饰风格,花卉图案的外罩里面还是花卉图案的衬衣,宽适而富有层次感的袖口,小圆立领大对襟,正是那个时代的流行风尚。下身的大筒裙,色彩清新、明快,藕荷色的底笼罩着全身的高贵,突显秀禾的清秀和纯洁,更表现出她嫁入豪门的显贵,内敛而富有的少妇生活与宽宽大大的袖口、下摆和层次,留下了人们对那个特殊时代的怀念。"[1]

---

①吴卫刚.服装美学[M].北京:中国纺织出版社,2004.

从性质而言,服装鉴赏是一种认识活动。这种认识既包含着对服装的款式、色彩、图案、材质和工艺等的认识与理解,同时包含着对服装是设计思路、美学表述、人文内涵和社会意义等的认识与理解,即在服装鉴赏中,欣赏者可以通过服装这一物化载体深入地认识和理解服装的内涵。如"精致的工艺加上柔软、精致的刺绣以及复杂的褶裥装饰,优雅而又豪华,各种各样的细节变化传达着瓦伦蒂诺对多元文化的借鉴,中世纪的雕塑、中国 18 世纪的屏风、日本漆盒等"。①通过服装作品的欣赏,深刻理解作品深层次所蕴涵的设计师丰厚的文化底蕴。服装鉴赏作为一种认识活动,与阅读科学、哲学著作时的认识和理解活动不一样,因为服装鉴赏在本质上是一种审美活动。

服装鉴赏既是一种审美活动,同时也是一种思维活动。所谓服装鉴赏,一方面由于服装作品艺术描写的生动性,唤起了欣赏者的某些服装形象的记忆,印证了她的生活经验,调动了她的审美情绪,从而获得一种感情上的满足,一种美的享受;另一方面,欣赏者通过服装作品中具体的视觉形象,产生联想,对于客观事物有了进一步的认识,普通欣赏者把"时装秀"里的服装与自己在生活中看见的服装或自己的服装进行比较,得出一个结论:"真好看,比我们平时穿的好看。"普通欣赏者在看"时装秀"的过程中,很自然地授受了服装设计师对生活美的发现和评价,经受了一次服装艺术美的熏陶,增加了自己对生活的热爱,对时尚的追求。看一场"时装秀"是这样,看一场服装博览会,逛一回服装商城,读一本服装时尚杂志,也大致如此。

服装作为一门生活艺术,成为人们的精神食粮,对人们的影响是多方面的。但是,它首先作用于人们的感情,改变着人们的生活方式和思维方式,也改变人们的思想面貌,从而影响社会。从这个意义上,没有服装艺术的欣赏,就没有服装艺术的引导作用。服装欣赏是沟通服装设计师与欣赏者之间的思想感情的渠道。一件服装作品,要是缺乏艺术魅力,不为人们所欣赏,它的引导作用就会落空。(图 3-2)

要想引导人们的服装审美,首先就要尊重大多数人对服装的欣赏习惯,适应人们的审美要求。服装设计师总是自觉或不自觉地这样做。正如服装设计师王新元所说:"许多艺术可以追求'无我'

图 3-2
Solve Sundsbo 为《Muse》杂志拍摄戏剧性大片

①赵化生.女人华衣——世界顶级女装品牌[M].北京:中国纺织出版社,1998.

之境,以达到有'我'之目的,个人风格特点极其突出,而服装作品(除做表演者外)中的'我',常常是消费者,设计师要心中装着他们的所爱所求,并力争对他们进行积极引导,这是由服装的商品性和功利性所致的。"[1][30] 因为只有这样,既能为欣赏者利用自己的生活经验,按照自己的审美理想进行再创造提供基础,又能为这种再创造留下广阔的天地。其次,服装设计师要从欣赏者的实际需要出发,对生活进行严格的选择,设计出使欣赏者动心着迷的服装艺术形象,使人们在服装欣赏中受到启发。这就要求服装设计师"要在动中取势,变中见奇,稳中见新。把服装当成有生命的东西,在没有穿上人身以前能生动起来,呼之欲出,出神入化"。[1][37] 因此,不能打动人心的服装作品,无论其面料多么高档、款式多么现代,总是不能得到欣赏者认可。当然,适应人们的欣赏要求,不是迎合某些低级趣味,而是要引导和提高人们对服装的审美趣味。

当然,要提高服装欣赏,仅要求服装设计师适应欣赏者审美要求还是不够的。因为,服装欣赏与其他艺术欣赏一样,总是由欣赏主体即欣赏者,与欣赏对象即服装这两个方面所构成的。服装欣赏的审美成果,是欣赏者与欣赏对象即主客观统一的产物。

(二)服装审美的特征

面对缤纷多彩的生活美世界,人们总是期望把握住美的脉络,以便创造更多美的生活。服装鉴赏作为一项综合性的审美活动,要了解服装审美的特征就需要以人为中心,围绕社会文化各个方面作综合考察。一般情况下,服装审美的特征可以分为功能美、形态美、着装美、流行美四大方面来加以认识。

首先是服装的功能美特征,而功能美主要体现在舒适美上,"量体裁衣"精辟地概括了人体结构与服装款式与形态之间的关系,也是衡量服装是否符合功能美的关键。"设计活动的终极目的是人的物质需要,为他人而设计和艺术所强调的精神功能及个性的'我',存在着毋庸置疑的差异。形式依随功能强调了功能实用意义在设计中的重要性,通常作为美感的积淀,功利性是潜在的,但在设计中功能的体悟直接诉诸美感,一件没有实用功能的产品,就产品而言,失去了美的价值。"[2]美感作为一种特殊的反映形式,具有潜在的社会功利目的。但是设计审美直接源于人的物质需要。因

①王新元.把服装看了[M].北京:中国纺织出版社,1999.
②李超德.设计美学[M].合肥:安徽美术出版社,2004.

为一件款式与形态特别优美的服装,如果失去穿着作用,虽说可以间接地提升对服饰美的抽象认识,但作为实用的服装产品,单就形式而形式,根本无美感而言。人体是极为复杂的有机体,每个人的体形和相貌都有各自的特征,评价服饰美,就是要从研究人的生理结构入手,从各种不同的均衡、对比及极尽细微的协调中,在民族、时代的风尚中,找出完美和谐的规律以表现人体美的舒适度,服装审美的其他因素即以此为基础。而功能美又是通过技术手段来实现的,功能的美就直接体现在了着装的舒适度上。

其次是服装具有形态美特征。(图 3-3)服装的形态美包含两方面的内容:一方面是作为物质的衣服本身所具有独立之美,包括材质美、色彩美、技术美、流行美;另一方面是人着装后衣与人浑然一体,高度统一而形成的某种状态美。只有这两方面的内容相互协调,高度统一时,才可能形成服装的形态美。其中任何一方面的内容,任何一个因素出现不和谐,都会从整体上破坏服装的形态美。那些把各种互不相干的服饰部件不假思索地拼凑在一起的装饰过剩现象,如张冠李戴、东施效颦等现象,就是对这种整体的形态美破坏。其一,材质美作为服装固有美的特征,对服装审美是有着很大的影响。服装材料在服装的整体美中扮演着十分重要的角色,其材料的色彩搭配效果、材料的视觉效果、材料的质量等级、材料的保健成分等都对服装审美起着极其重要的作用。(图 3-4)其二,色彩美作为服装视觉产生之美,是服装审美中关键性的特征。在人类进化的过程中,随着嗅觉的减退,视觉越来越敏锐,特别是对于光和色的感知能力越来越发达。科学证明,人类对色彩美具有较强的敏感性。服装色彩美包含两方面的内容:一方面是衣物本身配色效果;另一方面是二次成形后,各种不同质感和造型的物体组合、搭配在一起时形成的配色效果。特别是衣物与衣物之间,衣物与人体之间的配色关系。因此,什么样的人要穿什么的服装色彩,什么场合要穿什么样的服装色彩等,这都与服装审美有着密切关系。其三,技术美作为服装美的核心内容,在服装审美中作用日益突出。由于早期人们把美限于精神领域,如黑尔格在《美学》中讲道:"美是理念的感性显现,观念性和精神成为至高无上的东西。从而建筑被看作低级形态的艺术,因为它'并不创造出本身就具有精神性和主体性的意义,而且本身也不能完全表现出这种精神意义的形

①黑格尔.美学[M].北京:商务印书馆,1979.

象'。"①美学家对于构成社会存在本体的物质文化中的美的形态却缺乏足够的研究,即忽视社会本体的物质美的动态研究。从早期人类生产劳动活动过程及成果来看,劳动产品是人们通过技术手段转化成的,是人们运用客观规律以实现人的社会目的的产物。"在创造性生产劳动中所产生的那种具有实用和审美功能相统一的产品所具有的美就是技术美。"①可见,技术美是人类社会创造的第一种美的形态,也是人类物质生活中最基本的审美存在。服装作为人类物质生活中最基本的组成部分,服装设计产品的完成,大到结构,小到钮扣的缝制,它都是通过技术和技巧来完成的,其技术美在服装审美活动中越显重要。

其三是服装具有着装美特征。在人类的社会生活中,人们往往通过某种形成的着装效果来对他人表示某种礼貌和礼节,表达某种友好的心情和着装内含,显示某种威严和高贵气质,这就是服装的着装美。服装着装美体现在两个方面:其一,尽管衣服和人体都具有各自独立的美,但评价着装美时必须以人体为中心,考虑适合人体的着装方式、服饰、化妆;其二,受社会规范所形成的风俗、习惯、道德、仪礼的制约,注重服装的伦理性,具有使人与人之间按一定的社会关系和睦相处,或维护一定的社会秩序的特性。当然,并不是每个人的着装都体现两个方面,有时侧重一方面或以一方面为主。服装着装美体现在两个方面有一个共同特点,那就是它们都是向社会展示着装者的精神状态,满足人们的精神性需求。由于服

图3-3
周海媚为最新代言拍摄了欧洲复古风格的文胸广告写真

图3-4
2009年2月Chanel高级定制时装发布会中模特头上白色纸质头饰

3 | 4

①徐恒醇.技术美学[M].上海:上海人民出版社,1989.

图 3-5
米歇尔·奥巴马在总统就职典
礼上穿着由华裔设计师
Jason Wu 设计的白色单肩长
裙,显得性感、典雅且隆重

装款式的多样性,以及社会规范的制约因素,服装呈现出不同的着装方式,从而也体现了不同风格的着装美。(图 3-5)

同时,由于服装与其他审美物不同,是由人穿戴上一定的衣物形成的一种活动的审美对象。其服装的放松量、衣与人体之间的空间对于服装着装美的表现至关重要。也就是说,服装是以积极的、协助性的形态或以消极的、抑制性的着装方式作用于运动的人体的,最后形成外向的、活泼的、自由奔放的着装美,或内向的、文静的、彬彬有礼的着装美。当然,服装还具有内在美特征。人们对服装的追求不仅体现其物质生活的追求,也体现个人对精神生活的向往。

其四是服装具有流行美特征。《后汉书》记载了一首民谣:"城市好高髻,四方高一尺。城中好广眉,四方且半额。城中好大袖,四方全匹帛。"讲述的是古代服饰流行。从古至今,无论东西方,服装都是以流行作为其主要特征的。在西方有一种流行的观点:"时装是一种将流行款式或形式强加于人的行为,是一种任意性很强同时又杜绝了其他款式形式的强迫行为。"[1]因此,变化可以说是服装的主要特点,新的风格和款式以连续而任意的方式出现并使以往的服装成为过时的现象。服装的款式、面料、色彩构成了服装流行的三大要素。款式的流行既是个人审美趣味的主张与嗜好,又是模仿与从众心理的社会现象。面料的流行,一方面取决于纺织技术的革新与变化,另一方面又有人的情感变化。而色彩的流行,涉及许多复杂的因素,有民族的、社会的、地区的,也有人心理的复杂感情

图 3-6
麦当娜路易·威登 (LV) 2010
秋冬广告片

①珍妮弗·克雷克.时装的面貌[M].舒允中,译.北京:中央编译出版社,2000.

的。服装色彩流行是人们或机构对社会的一种情感体验与反应。总之服装美的重要特征就是流行美,服装评论的重要标准也就是服装设计产品、服装潮流是否体现了流行美。(图3-6)

二、服装鉴赏的心理特征与服装流行

(一)服装鉴赏的心理特征

服装鉴赏既然是一种认识活动,就应遵循人类认识活动的一般规律,也像人类一切认识一样,有一个由浅入深、由表及里、由不全面到全面,即从感性认识到理性认识的过程。不过,服装鉴赏活动是一种相当复杂的思维现象,有时表现为一种直觉思维,而且由于欣赏者的思想水平、生活经验和服装感觉的不同,欣赏活动就因人而异。作为服装鉴赏具有其他人类认识活动的一般特征,也有自己的特点。(图3-7)

其一,服装鉴赏有着强烈的直觉性。服装欣赏虽然是一种思维活动,但它不是一种逻辑思维,它可以说是非文本的非逻辑。这件服装为何时髦,欣赏者不一定迅速做出逻辑的思考,只是一种感觉,一种体悟。多年前流行波西米亚风格,那种流苏和随性的装饰,欣赏者不一定说得出这些形式背后的故事。有时这种风格又处在似是而非的状态,欣赏者就是凭直觉一下就能感受到,并产生共鸣。而服装评论就需要作理性的思考,是从感性上升为理性,但文字风格却又可以随性的。(图3-8)

其二,饱含着服装鉴赏者的感情。托尔斯泰说:"艺术是这样的

7 | 8

图3-7
Robert Masciave 惊异发型设计师的作品

图3-8
华裔时装设计师 Anna Sui 发布了 2010 / 2011 秋冬女装系列,时装作品是对19世纪后期美国的工艺美术运动,到新艺术运动时期的回顾

一项人类的活动：一个人用某种外在的标志有意识地把自己体验过的感情传达给别人，而别人为这些感情所感染，也体验到这些感情。"①这话虽有不全面的地方，但在强调艺术离不开感情这一点是合理的。服装设计师在创作时有着艺术创作类似的情感，作为服装欣赏者也是如此，在服装鉴赏活动中同样带有感情色彩。

情感在服装鉴赏中的作用首先表现为对服装形象的感知。服装评论者在对服装进行鉴赏时，面对的不仅是具体的服装艺术形象，更是一个个的服装符号，只有通过服装符号的解读，才能感知服装设计师符号化的服装艺术形象体系，也才能够接受服装设计师所传达的审美理想、艺术情趣及其对社会人生的认识。而服装形象的感知离不开服装鉴赏者的情感活跃。服装设计师在设计当中所运用的思维方式主要是形象思维，"情感在形象思维中的作用，不仅表现为从外部推动思维活动的展开，影响思维活动的方式，而且表现为直接成为形象思维的重要内容，并在用艺术媒介构成的艺术形象中，获得客观化和物态化。"②情感在文学鉴赏中作用也同样适合于服装鉴赏活动。服装鉴赏者在解读服装作品时，如果不能把握服装设计师所传达的情绪，缺乏相应的情感体验，是不能很好地理解设计师所创作的内涵。正是因为服装设计师在服装创作过程中对服装艺术形象进行了情感渗透，服装鉴赏者在鉴赏中随着理解的不断深入、感知范围的不断扩大，逐渐进入了一个特殊的服装艺术形象体系和境界当中，为服装设计师所渗透其中的情绪所带动，产生一种相应的情感体验，达到了与服装艺术形象的契合，从而开始体味服装设计师所表达的审美理想、艺术情趣和对社会人生的思索。可见，服装鉴赏者的情感活跃在服装形象感知中起着相当重要的作用。（图3-9）

其三，服装鉴赏总是充满着想象与联想。（图3-10）服装鉴赏者在欣赏服装时，不是被动地消极地接受，而是进行着能动的积极的再创造。面对服装作品，他们用自己的生活经验、感情记忆，按照自己的审美习惯和专业知识，通过想象和联想，给服装作品的形象以补充和丰富，使服装艺术形象更加具体更加丰富。想象和联想是人类心理活动的重要形态，对服装创作和服装鉴赏都具有重要作用，

①伍蠡.西方文论选[M].上海：上海译文出版社，1979.
②田智祥.情感在文学鉴赏中的作用[J].聊城师范学院学报：哲学社会科学版，2000(3)：118-120.

其作用主要体现在以下几个方面：其一，它是扩大和丰富服装作品审美意蕴的手段。由于服装自身的特点及在时空方面的限制，所展示的服装作品只能是现实生活的服装某一方面的折射或历史服装文化浓缩，其认识内容在量上远不能同丰富多彩的服装种类相比。但服装作品中所蕴含的内涵在于引导人们对服装的进一步的理解和感受，从而对生活真谛的把握。服装鉴赏者在服装作品所赋予的内容与形式基础上进行想象与联想，常常能够突破审美形式的局限，多方面地充实和丰富服装作品的审美意蕴。其实，想象与联想的时空超越作用在服装鉴赏活动中是显而易见的。它既可让我们从服装作品中认识到不同时代、不同国度的社会生活，又能使我们突破形式的种种局限，去把握服装作品预期的认识内容。其二，它是情感体验的中介。服装评论与服装鉴赏的过程是一种情感体验的过程，想象与联想在情感体验过程中起着十分重要的作用。服装鉴赏者通过想象与联想还原服装作品之"象"，感悟服装作品之"意"。因此，服装鉴赏者通过想象与联想，以情感为中介，将对服装的感受与理解结合起来，使服装鉴赏活动不断走向深入，并从中获得丰富的情感享受。

其四，服装欣赏者带有主观色彩。服装鉴赏既然是通过想象与联想方式的一种艺术的再创造，就必须带上服装鉴赏者的主观色彩。（图 3-11）"情人眼里出西施"，是人们对审美的主观性生动说法。服装的鉴赏者往往按照自己的生活体验及所掌握的专业知识去解释服装，甚至借题发挥，引申出服装新的意义。当然，在这里所说的服装鉴赏者的主观性应建立在尊重服装创作者及事实的基础上加以丰富与发展。正如王新元在参加一次服装设计大赛评委后接受采访中说道："艺术作品的评比不像机械制造的工业产品，可

图 3-9
Paco Peregrin 和他的外星美女

图 3-10
Vivienne Westwood Gold Label 春夏广告，由 Vivienne Westwood，她的丈夫 Andreas Kronthaler 和艳星 Pemela Anderson 出演，摄影师 Jurgen Teller，模特 Tati Cotliar

9 | 10

以用仪器测定数据,而具有强烈的主观色彩。尽管如此,不同阶段的评选和入围,还是有客观标准的,这种标准是由每个评委自己把握的。"[1]可见,服装大赛评委作为服装欣赏者也带有强烈的主观色彩。服装欣赏的主观色彩还表现在民俗风格、年龄、男女等不同层面的个性差异,因此,同样一件流行款式,就会有人认为好与不好。

(二)服装鉴赏中的共鸣现象与服装流行

"所谓共鸣,本来是物理学上的一个名称,两种振动的频率相同的物体,其中一种振动,也会带着靠近它的另外一种振动起来。这种现象就是共鸣。艺术鉴赏的共鸣,是指读者、观众或听众在欣赏作品时,受到感染产生的一种思想冲动。他们不仅在感情上喜怒哀乐,受到作品的支配,而且,在行动上也往往受着它的左右。"[2]在服装鉴赏活动中,当服装鉴赏者被服装作品所感染,从而达到与服装作品的色彩、款式、工艺共呼吸,与服装作品相关的人物共命运,思其所思,爱其所爱,恨其所恨时,这种现象,就称之为服装鉴赏者的共鸣现象。它主要的特征就是在服装鉴赏者和服装作品之间消除了主客体之间的距离,达到相互融合和亲密无间的契合。具体地讲,服装鉴赏中的共鸣则表现为服装作品中款式造型、色彩构成、装饰风格等所组成的样式,与服装鉴赏者的生理结构和心理感受之间的异质同构,从而达到融合的状态。

当然,在服装鉴赏活动中,共鸣现象的产生还涉及到许多复杂的条件和因素,其中包括生活在不同文化传统、社会阶层中的民族

11 | 12

图 3-11
John Galliano 在 2010 / 2011 秋冬巴黎时装周上,发布了 John Galliano 2010 / 2011 秋冬女装系列

图 3-12
Hanae Mori 在东京发布会的请束 The Best Six

①王新元.把服装看了[M].北京:中国纺织出版社,1999.
②戴碧湘,李基凯.艺术概论[M].北京:文化艺术出版社,1996.

对共鸣的影响。(图3-12)从民族性对服装鉴赏中共鸣现象的影响看,由于不同民族有不同的文化传统,其中包括价值观、伦理观、人生观、宇宙观等,不同民族也就有了不同的服装设计、理解服装和鉴赏服装的方式。如某一民族的服装作品,虽然在这一民族的鉴赏者中产生强烈的共鸣,但对另一民族的鉴赏者来说,则会因文化差异无法得到鉴赏者的赞赏和共鸣。

在服装鉴赏的共鸣现象中,一方面因不同的民族和阶层的人确实存在着差异和矛盾,另一方面,某些优秀的服装作品,对于不同民族和阶层的人来说,又都能产生共鸣。这一事实说明了,对于人类而言,超越不同民族和阶层差异的共同美和共同美感是存在的。托尔斯泰曾说过,一个中国人的眼泪和笑声会感染他,正像一个俄国人的笑声和眼泪一样,绘画、音乐和诗也正是这样的情形。同时他也说过,伟大的艺术作品之所以伟大,正因为它们是所有的人都能理解的。同样,在服装鉴赏的共鸣现象中蕴含着人类的共同美感。

同时,服装鉴赏中的共同美感推动了服装流行。正是在服装鉴赏中有着共同美感,引起了共鸣,从而推动了服装流行。正如包铭新在《服饰消费者如何看待流行》一文中提到"消费者也是流行色之源"这一观点,文章谈到,消费者既是源又是流,消费者其实并不需要专家来指点什么是流行色,他们会在生活中感受流行色,他们在不自觉地创造流行色。①事实上,许多消费者在对服装进行选择时产生了共同美感,在不经意中创造了流行,从而潜移默化地推动着服装流行。

附文 新红楼定妆照骂声一片 服饰专家做点评
Green

导读:从6月17日曝光第一张造型照开始,新版《红楼梦》剧组已经公布了两轮演员定妆照。第一轮定妆照,"黛钗"的额妆照成为指摘焦点,被指老气横秋;第二轮定妆照,观众集中批判贾蓉、贾琏、袭人、妙玉等人"风格混搭,没有常识"的服饰。为此,晨报记者采访了精于古代服饰的上海艺术研究所所长高春明、清华大学美术学院教授黄能馥等,从专业角度进行点评。(图3-13)

---

①包铭新.包铭新解读时装[M].上海:学林出版社,1999.

图 3-13
新版《红楼梦》定妆照

额妆太丑？

叶锦添设计的服饰和造型，使得正在开拍的新版《红楼梦》陷于一片骂声中。

从 6 月 17 日曝光第一张造型照开始，新版《红楼梦》剧组已经公布了两轮演员定妆照。第一轮定妆照，"黛钗"的额妆照成为指摘焦点，被指老气横秋；第二轮定妆照，观众集中批判贾蓉、贾琏、袭人、妙玉等人"风格混搭，没有常识"的服饰。为此，晨报记者采访了精于古代服饰的上海艺术研究所所长高春明、清华大学美术学院教授黄能馥等，从专业角度进行点评。

额妆太丑？北宋曾盛行

对于新《红楼梦》剧组公布的"宝钗黛"造型照，有网民认为黛玉、宝钗两位女主角"巧额"和"片子"的"额妆"造型太过戏曲化、舞台化，离生活过于遥远。某网站专门进行调查统计，约 4 000 网民中，88.76% 的网民认为"妖气太重"，6.63% 的人认为"很漂亮"。

83 岁的清华大学美术学院教授黄能馥被称为"继沈从文之后中国最权威的服饰专家"。谈到"黛钗"造型的额妆，黄老先生表示，现代观众看第一眼时可能会有些别扭，因为中国戏曲中流行的假发片由额妆演变而来，有一定的历史源变根据："额妆，是指对额或鬓的修饰。额妆是古代女子妆饰中非常重要的一部分，每个时代的额妆都有其相应的时代特点，不同时代的叫法也不同。史料显示，有佛妆、云尖巧额和片子等几种。"

在古代，真正能够实现额妆效果的大多是官宦人家的闺秀，因为当时正宗的额妆是用真发梳成的，梳整极为费时费力，所以到北宋以后，额妆就简化、演变成贴假发片了："'片子'在古代极为盛行，最早见于南北朝的佛妆，北宋时期最为盛行。"而在《红楼梦》故事所处的明清时期，假发片这一古代日常装扮，经过时间的沉淀，再经过戏曲等传播途径的普及，在百姓中已成为"演员装扮"的观念。至于此次"黛钗"造型的额妆，他认为"从美学和戏剧的角度来看，这一尝试非常成功"。

红学家邓遂夫却对"黛钗"造型的额妆造型表示反感："头上那些东西，弄得太过了，很古怪，有点故弄玄虚、胡编乱造的感觉。戏曲造型都不会有这么难看。"

新版《红楼梦》导演李少红表示,并非剧中所有女性角色的造型都采用额妆,额妆只有"府里的姑娘们"才有,是身份的象征,如袭人、平儿等丫环以及其他社会等级的角色都没有采用额妆。而且"额妆"设计也非突发异想。她透露,当时,叶锦添提出造型设计方案时,她也曾感到非常震惊,"但是,这些造型的确与我们当初希望赋予新版电视剧《红楼梦》以新意,做到曹雪芹原著'亦真亦幻'、在电视剧这种大众文化中创造艺术化氛围这一初衷是吻合的。"最初,剧组最先放弃刘海造型,因为刘海是在民国之后才出现的现代装扮,而巧额和片子最早在中国古代就是官宦人家的小姐用来修正脸型、约束头发的一种装饰,"我们借鉴古典造型,并不是随意想出来的,而有它的历史基础和生活来源。"

服饰不对? 剧组不严谨

平儿、袭人、尤二姐、妙玉、贾琏、贾蓉等人造型公布后,评论更是调侃其"尼姑戴花,公子黄袍,二奶红衣,丫头盘头"等"搞笑"之处,网上疯传"红楼服装N宗罪",甚至签名要赶走美术指导叶锦添。

为此,记者专门请教上海艺术研究所所长、研究员高春明。高春明主攻中国服饰史,是我国较早涉足服饰研究领域的研究者之一。

网友指出,新《红楼梦》中造型时代不统一,"说是清朝装束,贾蓉穿那身官服,带个乌纱帽,那不很明显的明代服装吗?"高春明表示,虽然曹雪芹是清代人,但《红楼梦》故事没有明确时代背景,只让人隐约感觉是明清两代的历史范围:"从书里描述的服饰来看,明清两代风格都有。电视剧从艺术角度去混搭,这也不能强求,毕竟不是写实。"

其次,贾琏居然穿了皇帝才敢独享的明黄色,对此,高春明笑称,也许图片效果有出入,如果真的是明黄色,那确实算一大硬伤:"在清代,贾琏穿明黄、杏黄那肯定是不行的,这是写进律令的,规定得特别严格。在明代,着黄方面没有清代严厉,但限制也很严。官服不能,家里穿的服装更不能是明黄、杏黄。"(图3-14)

还有,造型照中,妙玉居然头戴大花修行,而尤二姐作为二房,理应不能穿红衣。高春明介绍,虽然是尼姑,但妙玉也可以戴花:"比如茉莉花开,她应景插一朵,去参加诗社,这在特殊季节特殊场合倒也是允许的。常戴当然不对。"而尤二姐的红衣也只能出现在特殊场合:"明清时期对女性服装的限制没有男性多。尤二姐是二房,参加一些诸如婚庆之类的仪式,穿红倒也不一定会被追究。但如果在正式场合,她的着装就要受限制了。"

图3-14
贾琏穿了皇帝才敢独享的明黄色

最后，高春明表示，新《红楼梦》之所以会在服饰方面遇到那么多质疑，可能是因为观念里不够尊重历史细节："电视剧不是写实，完全符合历史倒没必要，也不可能，但在一些基本常识和细节上，还是要有一定底线的。记得谢晋导演每拍历史剧，都会找很多专家来把握细节，甚至还让大家来考证，这是很难得的严谨态度。"

叶锦添：我基本按照原著

李少红表态，弃用叶锦添根本没可能，因为自己始终认为与叶锦添、曾念平、李小婉的四人组合是"最佳团队"。

面对各种批评，叶锦添解释称，自己在服装设计上基本上都还是按照原著去做，只是加入了一些时尚元素，但是时间不够以及曹雪芹本身的模糊描写，使得设计服装难度不小："曹雪芹写《红楼梦》写得是很模糊的，它有一个模模糊糊的明朝影子，但很多细节都是清朝的。像贾宝玉，他穿清朝人的箭袖，但是他又戴冠，大家都知道清朝的男子是剃头的啊。他对色彩的想法是很随意的：也许就是红的衣服，绿的裤子。我们这次最大的难题就是没有时间去考据，所以我们必须在创作里做一个选择：我就用比较艺术的方法来处理它，不是还原它。如果还原的话，就是一个非常大的工程，每一个图案都要经历几十个红学家考据，并且还没有答案。"

他表示，新《红楼梦》里设计的417套衣服，他本人喜欢贾宝玉、林黛玉、薛宝钗、秦可卿、元春、惜春、妙玉等，不满意的就是照顾不及的其他人的造型，"毕竟有100多名主要演员，筹备的时间也不是那么长，一直在换演员，条件也不够我去为所欲为。"

——转载于"电影风向标"网站

第二节 服装评论与服装鉴赏的共通性

一、服装评论、鉴赏与服装设计的关系

（一）服装设计是服装评论和鉴赏的基础

服装评论与鉴赏都是以服装为对象，这是二者的共同点。一般来说，服装鉴赏偏重于感性活动，服装评论偏重于理性分析，这是二者的区别。换句话说，二者的关系非常密切。服装鉴赏水平提高了，随之服装评论的质量才能提高。反之，对评论对象进行了具体深入的分析与综合，又能促进服装鉴赏水平的提高。当然，它们的

共同基础是服装设计作品。

"艺术来源于生活,又给生活以影响。这个影响,需要通过人们对艺术的欣赏和批评来实现。艺术既是鉴赏和批评的对象,它又创造了能够欣赏艺术的人们。"①服装作为评论对象也是如此。正如马克思所指出:"艺术对象创造出懂得艺术和能够欣赏美的大众。"特别是一些有悠久文化传统的国家和民族,在长期的艺术实践中,逐步地形成了自己独特的欣赏习惯和评论方式。从我国 2000 年前的汉代女子好着曲裾深衣,晋末及齐梁时以长衣袖为尚,并将衣袖加阔至二三尺,到了隋却小袖占了上风,再到唐天宝年间衣袍拖沓长大,衣袖大至四尺,且裙长曳地尺余,当时全国上行下效。可见,随着服装的不断变化,人们的欣赏习惯和评论方式也会随之变化。总之,服装设计的发展,必然促进服装鉴赏水平和评论质量的提高。

(二)服装评论和鉴赏促进服装设计的发展

很显然,人们欣赏的需要,服装评论的活跃,又可以促进服装设计的发展。别林斯基在谈到作家与读者的关系时说:"文学不能没有读者群而存在,正像读者群不能没有文学而存在一样:这是一个无可争辩的事实,和二乘二等于四那样可敬的真理相同。"②服装与欣赏者也是一样,总是互相依存的。

其实,欣赏者对服装的不断需要大大推动服装设计的发展。在这里服装鉴赏者往往也是服装消费者。其实,服装设计与服装鉴赏也是人类文明历史演进中两个交相推动的齿轮。一方面,服装设计推动服装鉴赏力的提高与发展,正如优美的音乐能逐渐开发、培育出一双双具有音乐欣赏敏锐感觉的耳朵——创造具有更高艺术鉴赏力、也就是个有更高"纯度"的人的本质属性;另一方面,人的服装"消费"水平的提高,又对服装设计提出更高的要求,要求服装设计师设计质量更高、更具欣赏价值的产品;而服装的生产者从服装消费者反馈的信息中获得经验和动力,以更大的热情投入设计,使自己的服装艺术创造能力又跃向一个新高度。(图 3-15)同时,读者、观众的多样性,必然会促进服装设计题材、风格、流派的多样化,促进服装的繁荣。可见,社会的需要,广大消费者的需要,以及积极健康的服装评论对服装设计起着直接的推动作用。当然,不健康的服装评论和错误的服装评论则会给服装设计带来危害。

因此,服装鉴赏、评论与服装设计之间是相互依存、相互促进

---

① ② 戴碧湘,李基凯.艺术概论[M].北京:文化艺术出版社,1996.

的关系。作为服装的设计者应该努力提高服装质量,并要求服装形式和风格多样化,这样才能不断满足人们日益增长的生活需要和欣赏的需要,给服装评论提供广泛而扎实的基础。而服装评论者应该及时总结人们的审美经验,探索服装设计实践和服装欣赏活动中提出的问题。对服装的评论,要坚持实事求是的态度,作具体的客观分析,既要反对那种套框子,也要反对胡乱吹捧的庸俗作风。这样才可能使服装评论、欣赏与服装设计互相促进。

二、服装评论与鉴赏受主客体制约

服装评论不同于一般的艺术评论,也不同于其他的设计评论。服装评论需要一种闲适的心理状态,放松的生活态度。服装评论需要评论者的实践体悟与参与。这就如同我们常说的,"服装设计与其说是设计了服装,不如说是设计了人和社会。"但是,当我们将其置于一种学术视野下进行分析时,我们就不得不从学理上逻辑上加以探讨。

(一)服装审美主体的制约

服装评论与鉴赏同是服装审美活动,就必然体现服装审美活动的共同点。服装评论与鉴赏的审美活动是指服装审美主体(服装评论者与鉴赏者)在与审美客体(服装)的互动关系中所表现出的一种普遍的融物质性与精神性于一体的审美实践。它的核心是在体验基础上的审美想象与创造。(图3-16)相对服装审美客体而言,服装审美主体是进行服装审美创造、鉴赏和评判者。这里所说的服装审美主体特指参与服装评论与鉴赏这一审美活动的个人。服装审美主体对服装评论与鉴赏的制约具体表现为以下几个方面:

首先,主体审美能力的制约。在这里的审美能力主要是指服装

15 | 16

图 3-15
艺术家 Gabriel Dishaw 秉持对运动鞋的喜爱,从电子垃圾中找到闪光的重组接口,打字机、计算器和老式的电脑被小心翼翼地分解成形,一双双刻满电子回路的电路板被精雕细琢成趣味十足的 Nike 运动鞋

图 3-16
设计师 Bela Borsodi 将衣服折叠出各种脸型

审美主体对服装进行审美活动所不可缺少的基本素质，它包括一系列的生理、心理特征和其他因素，是生理功能、心理状态和社会意识等多种因素的复合物。在服装评论和鉴赏中，由于服装审美主体的个性才气、心理素质、文化修养、生存环境以及生活阅历的不同，在审美能力的质和量两方面都存在差异。这些能力不但存在着不同的指向性，而且在高低钝锐之间，也有极其不同的色调。当然，服装审美主体的审美能力处于一种动态的变化过程，存在着不断重构的过程。每一次的服装审美实践，既是审美发现和审美创造的过程，也是审美能力的重构过程。每一次服装评论与鉴赏，不仅是生命境界的一次升扬和超越，而且也是审美世界的渐进完善，审美能力的渐次提高。

图 3-17
摄影师娟子的作品

　　其次，主体审美趣味的影响。主体审美趣味影响贯穿服装鉴赏到评论的整个审美过程。服装审美趣味就是服装审美主体在感知和评判审美客体时所表现的一种特殊判断力。它通常以服装主体审美个性的审美经验为基础，通过强烈的情感倾向、高度发展的尺度以及个人的主观喜爱和偏好等形式生动具体地表现出来。(图 3-17)服装审美趣味是服装审美活动发生的一种"动力"，也是对审美服装对象的一种认知方式，它制约着服装鉴赏和评论的选择，影响着服装鉴赏和评论的判断。当然，我们所强调的主体审美趣味的影响，并非要人们在服装审美活动中迂执一端，拒斥一切新生的服装及服装现象，我们应该努力提高服装审美趣味的质量，保持"良好趣味"。"良好趣味"并不等同于个人的偏爱，不能掉进个人偏爱的泥坑不能自拔，而对一切不合个人偏爱又恰恰具有美的品质的服装作品或服装风格视而不见。当然，要根据主体审美趣味来对服装判断什么是好、什么是坏也是极其困难的，但是服装评论与鉴赏又不能脱离审美主体的喜好趣味来作判断，这便是一个较为复杂的问题。

　　其三，主体审美观念的规范。审美观念是指服装审美主体在审美活动过程中对服装对象属性观照的思路、观点和方法。一方面，它是服装审美实践的积淀，源于审美实践；另一方面，它又指导服装审美实践，制约审美实践。作为主体实践的服装审美活动，始终受到服装审美主体的审美观念的制约和规范。服装审美主体的审美观念包括对服装的审美感知、审美趣味及审美理想等内涵。可见，在服装评论和鉴赏活动中，与文学评论及鉴赏一样，始终以审美趣味为媒介，以审美感知为基础，以审美想象为内容，以审美判断为终结。因此，在评论和鉴赏的整个审美活动过程中，无不贯穿着审美观念的制约和规范。①

附文　　　　**初春，心动米兰**

宋喜岷

时尚界，能对巴黎霸主位置构成威胁的不用掰着手指头算，首当其冲的要算那些具有天份和不懈努力的意大利服装设计师们。看看这些意大利大牌：Max Mara、Giorgio Armani、Gianni Versace、Gucci、Prada、Fendi、D&G……

不看不知道。去米兰看过之后，才知道，时尚之于这座城市的意义，之于全球时尚的意义，之于意大利本土设计师的意义。(图3-18)

到米兰，看男装。这是记者未去之前听同行小编们指点的结果。由于行程匆匆，挤出时间狂奔一个下午，尽管腰酸腿痛脚抽筋，还好，满城欲溢的时尚喂饱了渴求获得新知的欲望。

"Milano Unica展会"上看的是最新发布的2007春夏面料。听说米兰服装一向对时尚的敏感度颇高，服装的风尚含金量能否也像面料展这样高，记者要实地求证一番。(图3-19)

顶级与高档并存，风尚发布速度超乎想象。

从什么时候开始不重要，重要的是意大利人以其独特的审美

18 | 19

图3-18
关于2010春夏巴黎、米兰时装周的报导

图3-19
第八届意大利纺织展会Milano Unica在时尚之都米兰举行

---

①刘运好.文学鉴赏与批评论[M].合肥：安徽大学出版社，2002.

天赋以及对时代元素的敏感把握,适时成就了自己,从而摆脱一直以来模仿和复制巴黎时装的地位。

不管怎样,美丽、纯粹、简洁的"Made in Italy"风靡全球。

米兰市中心著名的埃马努埃莱长廊(Galleria Vittorio Emanuele 11),这个恢宏的古典建筑被冠以"米兰客厅"的美誉。建筑如此恢宏,这里所聚纳的顶级服装品牌却是足以映衬这所建筑的。

据记者所见,这里不仅有 Armani 等设计师的当季新款,还集中了 Gucci,Prada,Versace,Louis Vuitton 等品牌。(图 3-20)夜幕降临的时候,Motenapoleone 地铁站附近的阿曼尼(Giorgio Armani)旗舰店依然灯火莹然。要知道米兰人是很会享受生活的,几乎所有的服装店面在下午 6 点半左右就会打烊。所以来米兰搜衣逛店要尽量安排在白天进行,像记者这样赶在下午观瞻只能是气喘吁吁,快速浏览。要仔细品味那就是以后的事了。

除了这些大牌,适合年轻人的 Furla,Diesel, 中档品牌 Zara,H&M 这些品牌都能在这个时尚发源地看到。但是,来过这里之后会发现,米兰究竟是不一样的。最新的甚至是未来的时尚趋势都会从这里散发出去,米兰是真正的风尚发源地。

米兰的风尚更换速度还有一点可以充分体现:遍布市中心的服装陈列橱窗平均两周便更换一次。这个速度令我们汗颜。

有些大牌很普及,有些却是只知道而不了解,比如 Docle&Gabbana。

不要以为只有 Giorgio Armani 是意大利的顶级大牌, 在意大利人心中 Docle&Gabbana 同样是真正的顶级大牌, 它亦是意大利人为之骄傲的顶级大牌。(图 3-21)

关于 Docle&Gabbana 的品牌故事, 记者专门请教了一位在米兰从事服装设计的专业人士。据她介绍,Docle&Gabbana 品牌在意

20 | 21

图 3-20
2009 年米兰时装周 Armani
与 D&G 之"抄袭门"的裤子

图 3-21
Dolce&Gabbana 2009 秋冬
米兰男装发布会系列作品

大利的受欢迎程度可以说一直很火。Docle 和 Gabbana 是两个非同寻常的设计师搭档。其中 Docle 来自意大利南部城市,他设计的服装一经面世就引起轰动,后来 Docle 遇到 Gabbana,两人糅合了各自的设计风格,成就了 Docle&Gabbana 品牌。

据说 Docle&Gabbana 品牌这几年越做越好,上一季的服装设计着重凸现了 50 年代的风格。通过 Docle&Gabbana 品牌的设计精髓是可以让人清晰地看到意大利、看到米兰的。

至于名声响亮的 D&G 则是 Docle&Gabbana 的副线品牌,它面对的是更广泛的年轻消费者,设计元素则更趋动感和明快。

眼光独到的意大利设计师正在日益赢得众多追随者的青睐,而意大利服装本身几近完美的品质也是人们心甘情愿支付天文数字的理由。与其他国家相比,意大利的设计师虽也倾向于把时装作为一种艺术来操作,但同时也是将实用功能结合得最紧密的。例如他们可以将带有不同国家和地区的文化和传统特色的因素加入到自己的设计作品中,这些作品并非与传统设计完全不同,只是加入一些异域情调的元素,使之既能满足原有消费者的需要,又能满足一些新消费者的口味。(图 3-22)

意大利时装以其优雅的设计、精美的面料、卓越的缝纫技艺和无可挑剔的质量征服了世界。

意大利是文艺复兴的发源地,出了无数的艺术家,或许带有天生的优势,意大利的设计师对于多种色彩的搭配运用和掌控非常有特色。例如雷纳托·巴莱斯特拉的设计风格总给人一种明快、亮丽、典雅,朝气蓬勃的感觉。(图 3-23)那些植物纹样、涡卷纹样带着浓浓的地中海气息,视觉上大气而又令人炫目,让人久久回味。(图 3-24)

图 3-22
意大利设计师 Roberto Cavalli 2010 / 2011 秋冬女装发布作品之一

23 | 24

图 3-23
意大利设计师:雷纳托·巴莱斯特拉

图 3-24
意大利设计师雷纳托·巴莱斯特拉 2004 年时装发布作品之一

　　米兰现在是世界公认的高级成衣中心，大概没有别的地方比这个时尚之都更有可能淘到物美价廉的便宜货而不用在质量问题上妥协，极具诱惑力的价格和适合各种口味的服饰永远是不可抗拒的。

　　大部分名牌就位于市中心，这个城市有两条主要的购物街：一条是 Dellaspiga 大街，Prada 和 D&G 的老家便在这里；另一条是 Montenapoleone 大街，有 Versace，Guccci 和设计大师 Valentino 的时装陈列。另外还散落着一些个性设计师的专卖店，出售一些高手设计的衣服。服装无论是在设计还是做工上都属上乘。面料的应用上不仅是紧贴时尚同时还兼具超前的眼光，具有意大利风格的色彩和流畅的线条仍是其精髓所在。

　　在米兰，不起眼的小店也能发现难得一见的超值精品，这也是令来此购物的人心动之所在。

　　意式风尚，年轻人的最爱。

　　马堤欧地大道(Croso G Mateotti)汇集了大量的二线品牌。是年轻人钟情的购物天堂。(图 3-25)

　　这里聚集的基本上都是大品牌的中档副线品牌。其中包括了较平民化的 Sisley，Stefanel，Furla，Diesel 等等。不过记者也发现了 Bruno Magli，MaxMara，Marella 等意大利大牌服装。

　　中档品牌的服装价格自然很让人倍感舒畅，尤其是荷包不太充裕的年轻人更是欢喜有加。所以很难预计如果赶在打折时期去米兰，究竟能撞到哪个特定品牌的货色打折打到令人买到手软。或许还能意外地收获一件 Armani 的衬衫或者 Versace 的外套。

　　在这个明媚的初春季节，米兰的时尚风情纯粹而厚重。

——原载《中国纺织报》

图 3-25
马堤欧地大道

(二)服装审美客体的制约

审美客体又称审美对象。一般地说,是指具有一定的审美属性,能够给人以特定的情感满足和精神愉悦,并在客观上与人构成一定审美的客观事物或社会现象。在服装评论和鉴赏的审美活动中,审美客体特指服装。作为审美主体的服装评论者与鉴赏者,以及审美客体服装之间是一对矛盾的统一体。一方面,服装审美对象是在审美主体的审美过程中获得价值与意义;另一方面,服装审美对象又是一种客观的美的存在,在服装审美活动中,起规范和制约的作用。尽管在服装的审美过程中,服装的美会因服装审美主体的不同而似乎有所变化,但由于服装的客观存在,必然或隐或显地规定着主体审美活动的自由度,使整个服装审美活动不可能像脱缰野马那样横冲直闯。

首先,服装作为审美客体,它规定着审美活动的思维的范围、方向和路线。纵然有上千位读者会对服装有上千种认识,但是决不会把服装同其他种类混同起来。因此,服装审美主体必然受到服装这一客体的规范与制约。服装不仅是生活的一种再现,也是一种生活的体现;不仅是一种生活的反映,也是对生活的一种认识。因此,服装创作者在再现生活、反映人生时,透过服装语言显现自我精神状态,在意境或形象中凝定思想情感,在整体结构中蕴含生命哲学的意识。这些都或隐或显地制约着服装评论和鉴赏。(图3-26)

其次,服装作为审美客体,它规定着审美活动的特征。一方面,服装本身的艺术和技巧,它包括裁剪、对面料的理解、对人体工学的理解等,以及服装的穿着效果、对服装艺术美及表达方式的把握,等等,这些都影响着服装审美活动;另一方面,影响服装以外的因素还有很多,如人文社会环境、审美情趣、伦理道德界限、经济能力和市场承受动作的规律、企业管理水平,等等,这些服装以外的因素同样也影响着服装审美活动。正如王新元曾谈到:"设计服装像盖楼房一样。我们看见的往往是楼房的表面形状,楼以外的因素还很多,如地理位置(风水)、社区环境、人文氛围。这些构成了楼房以外的东西。对这些不了解,楼房盖不好的。"[①]

总之,在服装评论与鉴赏的审美活动中,无论服装审美主体如何体现主体个性的自由,还是作为审美客体服装的语言指向性,透

图 3-26
Dries van Noten2010 男装周的邀请卡设计虽很简洁,但其内附有弹性的坐垫的想法却很独特、很贴心

①王新元.把服装看了[M].北京:中国纺织出版社,1999.

过服装语言所显现的服装设计者精神状态，以及凝铸在意象中的情感，深层结构中蕴含的生命的、哲学的意识，必然规范、制约着整个服装审美活动。

第三节 服装评论与服装鉴赏的差异性

服装评论与鉴赏毕竟是服装审美活动同一根链条上的不同环节，呈现出不同的审美区间，在相同中又显现出差异。如果从心理学角度将服装评论与鉴赏进行比较，我们将会发现有以下三个方面的区别：

一、理性建构与情感补偿的区别

与一般鉴赏活动一样，在服装鉴赏活动中，情感参与是其重要特征。"情感净化、宣泄或移情功能、情绪作用等可以统称为情感补偿。"[1]鉴赏是一种情感活动，也是一种认识活动，但人们更多地谈及前者。这不仅是因为服装作品具有这种功能，更因为在一般情况下，人们只有在服装艺术鉴赏中才能获得机会，将深藏着的情感予以激发或调整。自然，服装鉴赏者在服装作品面前表现出较强的情感性不是因为他们比服装评论者情感丰富，而是面对服装作品，他们唯有调动情感去体悟它、化解它，亦即如斯坦尼斯拉斯基所说的观众是"以自己本人的情感直接参与舞台生活"。

服装评论者与服装鉴赏者就不一样了，尽管也有情感投入，可当其一进入评论过程，就抑制情感而动用理智的力量。(图3-27)这并不是说服装评论过程中就没有感情，而是说服装评论过程中伴有的热情与冲动和最初欣赏服装时的热情不是同源。因为，如果服装评论者陷入服装作品所设定的情感网而难以自拔，那么，服装评论活动往往会因此而无法作出相对合理的正确判断。细究起来，服装评论之所以需要理性建构的心理原因体现在以下几个方面：

首先，是服装评论者为了避免空间恐惧的需要。当服装评论要与评论对象相抗衡，要在评论对象面前显示出胸有成竹时，必然要有条理化、系统化，否则就容易迷失在评论对象之中，跳不出评论对象范畴，这属于一种空间迷失。服装评论对象往往较为复杂，各

图3-27
《Numero》109期：主题为珍鸟的时尚摄影，由 Miguel Reveriego 所摄

---

①潘凯雄,蒋原伦,贺绍俊.文学批评学[M].北京:人民文学出版社,1991.

种因素并存,构成了独特的艺术空间。这无疑容易造成服装评论者空间恐惧的现象。因此,服装评论者必须以庞大、丰富、牢固的批评系统来抵消各种迷茫,消除陷入评论对象时的空间恐惧心理。

其次,是服装评论者为了避免随机性的需要。由于服装设计创作时所具有的偶然性、随机性、不可规范性和突发性,这就要求服装评论者必须走向严谨和摆脱随机性、偶然性。"批评的威信是建立在对偶然的、突发的、不可测的现象作出合理的、可信的解释并知解这类现象基础之上的。批评只有在消除随机性之后才能走向自主,不至于随风飘荡,成为艺术大海之上的浮萍,进而发挥出整饬力和规范力来驾驭艺术。"①许多服装评论者在树立自己的威信时也一样,他们在避免随机性上有共同要求,即怀着强烈的情绪而呼吁服装评论走向系统化。

其三,是服装评论者为了自我表现的需要。如果说前两点是服装评论心理的消极动因,那么,这一点则是积极动因。服装评论者并不是被动地接受,然后再加以分析阐释。他们寓创造于阐释中,寓表现于解析和理性建构中。服装评论者的功勋往往不在于道出服装设计师在作品中已明显表现出来的东西,评论不是看图说话,还应该说出评论对象表象背后潜在的、服装设计者难以明确表达的东西。(图3-28)服装评论者在建构什么,就表明服装评论者已经说出了什么。当然,服装评论者的表现欲虽然可以体现在许多方面,但无论如何,评论的理性建构是表现欲的最佳途径,通过建构,评论在扩张自身,使自身达到某种普遍性,具有涵盖率。可以使服装评论者在超越中按某种意愿来进行二次创造,它也可以使服装评论者由此而把评论个性凝结在其中。

那么,高明的服装评论者总是能跨过情感的羁绊去对待服装设计作品。因为,服装评论一旦展开,强烈的评论意识必然导致理性建构并把理性建构作为整个活动过程的焦点。服装评论者如果不满足于追随于服装设计师和服装作品后面的简单解释,而是想高屋建瓴、总揽全局,对服装现象产生的背景、社会历史原因和个性形成的种种因素条件作全面的深刻的阐释,他就得建立起服装评论的系统,搭起较为稳固的构架,使服装评论活动的细部被一个较完整的意图统帅起来,显示出评论体系的威力。

图3-28
西班牙的男性时尚杂志《Hercules》2010春夏男装大片大玩"伪娘"范

---

① 潘凯雄,蒋原伦,贺绍俊.文学批评学[M].北京:人民文学出版社,1991.

二、注重表现形式与关注题材内容的区别

作为服装鉴赏者往往关注客体的题材内容，想要搞清楚服装作品说明了什么，对人们的哪一段的生活着装作了模仿和提示，如果没有这种提示，似乎服装欣赏就难以进展，这自然与前面所说的欣赏中的情感补偿有关。情感来自产生情感的生活，因此，欣赏者首先要求服装作品中有生活中的某种反映，然后在这种生活反映上重建情感。为了实现这一目标，人们不仅竭力辨认服装作品中所提供的一切，甚至还超出服装作品的范畴去了解服装作品的题材的来源、创作者的生平等，去考核服装作品的生活原型。这一切是为了加深理解服装作品。

与服装鉴赏者不同，服装评论者则更多地注重形式，这是一般评论的天然习惯。(图3-29)结构主义评论大师罗兰·巴尔特声称评论"不是关于内容的科学，而是关于内容的条件，即形式的科学"，评论"纯属形式方面的事"。其实我们现在所理解的关于形式，比罗兰·巴尔特还要宽泛，即形式不仅仅是形式主义评论家及近百年来西方评论大师理解的那样仅仅局限于评论文本的结构和语言组合、句法关系和各种物质性因素，我们把一切构成服装作品的稳定性因素、延续性因素和与此相关的范畴都作为形式来理解。

其实，服装设计者与服装评论者同样关注形式，但实质上进入设计过程和进入评论过程后，形式的内涵并不一样，在服装设计者那里，形式是服装的外在形态表现，包括款式、色彩、装饰等方面，因服装作品种类的不同形式将发生变化，因此在服装设计者眼中其形式始终是飘忽不定的，时隐时现。而在服装评论者那里，其形式是一个可供解析的、可供阐发的并从中能发现内涵的标识。服装评论者之所以紧紧抓住"形式"不放，其心理动因起码可以归结为以下两个方面。其一，是服装评论者为了稳定的目的需要。其次，是服装评论者的职业排他心理所造成的。排他心理在这里也可以称为专业心理，因为这是维护专业地位出发的。

三、"窥视后台"与"专注前台"的区别

这是一种比喻性的说法。前台是指现实的即由服装设计者所表现出来的一切，后台是指历史的以及那些隐藏在服装表象背后的因素。服装评论和鉴赏是服装审美活动中难以切割的不同环节。"专注前台"是指深入服装作品中去进行审美观照，实际上是一种服装鉴赏活动；而"窥视后台"是指跳出服装作品去进行重新审视，实际上是一种服装评论活动。(图3-30)借王国维《人间词话》中的

图3-29
瑞克·欧文斯 (Rick Owens)
2010秋冬以"三角形"为设计
灵感的女装作品

图 3-30
川久保玲（Comme des Garcons)2010 秋冬女装以
"内部装饰"来展示她那浮想联翩的时装美学

图 3-31
Tsumori Chisato 2010 秋冬女装作品之一，该系列的主题是马戏团，但乡村摇滚和电影《白日美人》的灵感也有所触及

话来说，鉴赏是"入乎其内"，评论是"出乎其外"。

作为服装鉴赏者，深入服装作品的过程，首先是一个观察认知的过程。观察未必是鉴赏，但是鉴赏必然从观察开始，没有观察就不可能产生鉴赏。对一个缺少审美能力的诚实欣赏者来说，观察的过程无非是欣赏对象的复制，观察与鉴赏不是同步进行的；对一个具有丰富服装审美经验的欣赏者来说，观察的过程就是获得服装审美印象、逐步地认识服装作品的过程，观察与鉴赏同步进行。只有在观察过程中逐步地获得服装审美印象，逐步地认识服装作品的美学价值，才能说是服装鉴赏。因此，是否获得服装审美印象是区别服装鉴赏与一般性观察的标志。

深入观察服装设计作品的过程，同时也是作为服装鉴赏者一个凝神观照的过程。对任何服装作品的功能美、形态美和流行美的获得都必须依赖于对服装审美对象的切身体悟、凝神观照、沉思默想。(图 3-31)

对服装的审美鉴赏的认识，不同于哲学分析的认识，正如前面所述，鉴赏的认识是感性的、直觉的，以会意、体悟的形式表现出来。

对于服装评论者来说，服装鉴赏只是通过服装评论的一座桥梁，而要由服装鉴赏进行服装评论，仅仅对服装作品"入乎其内"显然是不够的，还须"出乎其外"。

服装鉴赏是服装审美主体"离形去智"、进入客体服装的审美情境之中的过程。从现实自我转变为审美自我，主体与客体有共同的生命律动。而服装评论是一种审美活动，不应当如文艺评论那样消融了个人的实践和服装功能的利害关系；另一方面，服装评论总是按照一定的原则和方法、标准和模式进行的，又难免掺入现实的功利因素。在此种情况下，服装评论者应把自己安排在与服装作品保持相适宜的位置上。只有服装评论者与评论对象保持了一定的距离，那么就可以尽量避免"不识庐山真面目，只缘身在此山中"的心理视觉的误差。为重新审视评论对象提供了恰当的视角，使运用一定客观的标准和模式、原则和方法对评论对象进行审美观照成为可能。

"窥视后台"也就是要跳出服装作品，同时也是跳出鉴赏时的审美心境，怀着强烈的探究念头注视着服装作品后面的深层次意义。用丹纳的话来表达就是这样："当你用你的眼睛去观察一个看得见的人的时候，你在寻找什么呢？你是在寻找那看不见的人，你所听的谈话，你所看见的各种行动和事实，例如他的姿势，他的头部的转动,他所穿的衣服,都只是一些外表;在它的下面还出现某种东西,那就是灵魂。一个内部的人被隐藏在一个外部的人的下面。"①对于服装鉴赏来说也是一样,当他在观察某一个人的着装时,不仅仅关注的是着装的外部的款式、色彩等,更应关注的是着装的丰富内涵。因此,探究评论对象的隐含意义,进而探究服装"隐藏的世界"是服装评论者的典型心态。

其实,作为"出乎其外"的服装评论对"入乎其内"的服装鉴赏的理性升华与超越,并不是一次性完成的,而是经过了多次的循环出入。每当服装评论者把自己置身于与服装作品保持一定距离的时候,返回审视评论对象与审美自我的直觉、妙悟时,又必须以某一特定的角度切入服装作品的内部,检验自己审视所得的结果。服装评论,一方面是服装评论者对服装作品的评论,另一方面服装作品本身也存在着潜在的反批评。服装评论的批评,往往是服装作品潜在反批评的一种回音。因此,要增强服装评论的科学性,消弭服装作品潜在的反批评的回音,就必须经过多次循环出入。(图3-32)

总之,"专注前台"与"窥视后台"是服装审美活动过程的两个不同环节。从相对意义上说,"专注前台"是深入服装作品中去,是鉴赏活动;"窥视后台"是跳出服装作品之外,是评论活动。两者各不相同。从绝对义上说,两者是一个难以分割的整体,有深入必须有跳出。

图3-32
Junya Watanabe 2010秋冬女装作品之一,该系列设计灵感汲取了爱德华时代的军队风格

①丹纳.西方文学史·序言[M]//伍蠡.西方文论选,下卷.上海:上海译文出版社,1979:235.

第四章 "缤纷霓裳"

——服装评论的分类

随着经济的高速发展，服装评论已经从单一的纸介质平面媒体向多元化的方向发展，电视与网络媒体的介入丰富了服装评论的表达样式。无论是用文本与图片的样式，还是用语言与影像的样式，服装评论的分类既可以从载体、题材、写作角度进行分类，也可以从文体的倾向性来进行分类，更可以从评论的方法和评论队伍来加以分类。

第一节 服装评论的媒体分类

中国服装产业的发展，各种媒体刊物为此作出了重要的贡献，服装评论也由此得到迅猛发展。服装评论活动从创作到接受乃至回归、反作用于社会，这个过程的发生与发展就是服装评论的传播史。服装作为一种大众物质文化载体，服装评论家把自己对服装的认识化为语言信息，以影响大众。因此，服装评论的传播在服装评论活动中具有极为重要的作用。而传播方式作为服装评论传播的手段与工具，它与服装评论的发展相互影响、相互促进。目前，服装评论的传播媒体主要有报纸杂志、电视广播、网络等。

一、报纸杂志与服装评论

通常情况下，服装类报纸杂志的评论文章由报社杂志的记者、评论员或少数服装业内学者专家来撰写。这些年来，由于服装与人们的生活紧密相连，许多服装报纸杂志邀请了部分社会各界群众代表撰写了许多富于理论思考的大众评论。这一探索，不但使编辑部原有"单向"引导舆论的评论专业人员扩充了"新军"，形成了自上而下和自下而上相结合的"双向"引导舆论的评论队伍，为服装评论注入了新的生机和活力，而且还使其具有了贴近性、可信性和吸引力。由于报纸杂志的受众广且能够迅速、及时、准确、公正地反映服装相关信息，同时其报道方式多种多样。随着社会不断的进步，人们生活水平不断提高，人们对服装的需求已不仅仅局限于御寒保暖功能，已扩展到美化生活的各个领域。报纸杂志门类齐全、内容信息量大等特点恰恰满足了人们对服装的需要。如综合日报服饰版是各大综合报刊改版的产物，这些服饰版大多刊登了时下最新的流行时尚信息。服装类专业报纸杂志内容就更为丰富，涉及到服装流行、审美、服装品牌、服装市场等多个栏目。这也足以显现出报纸杂志服装评论的丰富性和包容性等特点。这种由专业性与非专业性服装评论队伍结合而产生的服装评论，必然出现群众参与评论、对话体评论、读者点题评论、调查性评论等形式，这也正是由于报纸杂志自身的特点所决定的，这无疑使报纸杂志服装评论形成了题材、文风的多样性，丰富了广大读者的需要。目前，报纸杂志服装评论的主要形式有服装评论员文章、短评、记者点评及服装系列评论等。（图4-1、图4-2）

（一）评论员文章与服装短评

一般说来，"评论员文章是代表编辑部就某一方面的工作或某一事件而发表的重要评论。"[1]服装类评论员文章，也就是代表报纸杂志编辑部就服装活动、服装源流、设计师等方面而发表的综合评

1 | 2

图 4-1
中国纺织报·服装周刊 2004年 12 月 31 日 1 版

图 4-2
中国服饰报数字报 2010 年 4月 16 日第 14 期，第 C35 版：趋势

①赵振宇.现代新闻评论[M].武汉：武汉大学出版社，2005.

论。一般有两种形式：一种是不署名的评论员文章，一种是署名的评论员文章。一般说来，不署名的评论员文章"官方"色彩相对较浓，一般由编辑部编辑人员或特约某专家撰写，主要是引导性的文章，目的是引导广大读者朝着某一既定方向阅读服装有关信息。而署名服装评论员文章"官方"色彩相对淡一些，是服装专业人士或相关记者撰写，主要是有针对性的学术性文章或市场服装品牌文化述评等其他相关问题的评论文章。（图4-3）

在服装类评论员文章中，有时根据需要，报纸杂志特别安排一种叫"本报本杂志特约评论员"的文章。（图4-4）一般说来，刊登此类文章，大都是邀请服装业内专家学者撰写，就当前热门问题进行研讨，以正确引导读者的审美趋向。如《服装时报》相关栏目，常有本报特约评论员撰写高质量文章。

附文　　服装设计需要思想库

李超德

一段时间以来，国内服装设计领域许多活动少了学者型专家，而技术专家和企业家成为媒体和论坛的座上客。或许这是一种进步，回想20世纪80年代乃至90年代推动中国服装设计事业发展，学者型专家起到了极其重要的作用。今天的人们似乎更加务实，更推崇实践第一线的经验主义者们的言论和高见。然而，我们不得不看到一个行业团体一旦缺失理性目标和高屋建瓴的理论平台，它的实践多少会带来一些盲目。因此，服装设计当下更需要重视思想库建设，造就一支思想前卫、眼界开阔、理论功底扎实、作风务实的理论队伍；营造一种尊重设计智慧的氛围；构建起服装设计事业发展的"生态链"。从而，不至于因为平庸的功利论而消殆理性思辨的光辉。

产业需要理论

服装设计首先应从理论上确定"大设计"观念。有关此问题多年前我受陈逸飞"大美术"观念的启发提出来，2003年还曾引起《服装时报》的大讨论。近年来，我通过分析国际国内设计发展现状，通过对国内外研究机构研究报告和学校教学计划的对比研究，更加坚定确立大设计观念和大创意产业概念的重要性。没有大设计观念的设计师，成不了优秀的设计师；没有大设计观念、大创意产业的概念，设计就没有了理论依托，也就缺乏了产业基础。英国作为老牌工业国家,二次大战以后设计王国的地位逐渐走向衰弱。特别是设计创意领域,它丧失了19世纪现代工业设计领头羊的地位。然而,自撒切尔夫人执政开始,英国政府高度重视设计在国民经济中的地位。特别是1997年布莱尔工党政府上台执政以后,制定了许多奖励设计的政策。布莱尔认为"进入21世纪后,英国的创意产业对经济发展来说将非常重要,希望企业能够通过产品和服务来体现英国引以为自豪的高度革新性、创造性和设计性,用来证明英国的实力"。行动和实践需要理论与思想作支持,一个以平庸的功利论取代理性思辨,它的代价只能是貌似繁荣的从众和盲目。英国在理性思想照耀下,文化、新闻和体育部专门成立了振兴创意产业委员会,实施人才教育,放宽限制,实行改革。一个刻板而保守的英国,正因为重视设计思想建设和创意产业,伦敦正成为最先锋的时尚城市。(图4-5)作为推动,2002年秋,伦敦举行了前所未有的盛大

3	4
5	6

图4-3
My wedding 杂志 2009 年 6 月刊,19 页

图4-4
《中国美容时尚报》2010 年 1 月第 633 期封面

图4-5
英国创意产业之父约翰·霍金斯

图4-6
Snap and Dine（餐具）by Demelza Hill, University of Brighton,2007 年英国设计委员会评选出年度英国年轻设计艺术家十大创意设计,以激发本国创意产业的发展

"设计展览会",举办了"100%设计国际展览会"等近50项活动。尤其是首次举办的"世界创意论坛"受到广泛关注。由此,英国创意产业创造了每年1 125亿英镑的收入,雇佣了130万人就业,并创造了103亿英镑的出口额, 使得英国创意产业额占了全球创意产业额的16%。(图4-6)人们不得不承认19世纪"艺术与手工艺运动"的发祥地和世界工厂,正成为21世纪的"世界设计工作室"。其中服装、服饰以及与此相关的时尚产业发挥了极其重要的作用。如果说英国创意产业的发展得益于思想的先导和政府的推动以及能从这片曾经是世界工厂的大地上寻找到某种根源的话,印度孟买创意产业的高速发展, 则对中国时尚创意产业发展提供了直接的借鉴和启发。

建设思想库

回顾二十年来中国服装设计的发展, 高校作为思想库与人才培养的摇篮,贡献是巨大的,许多高校毕业生已经成为设计领域的中坚力量。如果没有高校当初的前瞻性眼光,以及实践和理论成果的积淀,今天的服装设计行业是不可想象的。如果说20世纪八九十年代高校的权威和学者还是这个行业的领头羊的话,近几年来,行业权威和学者面对企业在发展过程中对人才培养模式的质疑,在反思中多少有些困惑和不知所以然。高等学校的学者们也在众多指责声中, 由于丧缺理性而自责,却又提不出反驳的理由。我始终认为服装设计人才培养必须面对市场,但绝不是菜市场,萝卜青菜,谁贱谁买。功利主义的经验论代替不了严肃的思想慎独和艺术设计教育自身的规律。多年前,我曾将中国服装设计教育划分为三种类型:即服装设计、服装工程、服装技术教育等三种教育教学模式,它们分别有不同的目标指向,同时它们又相互交叉、相互联系,并有不同的分工。但当有些人将它们混为一谈,指鹿为马指责学校教育时,却是缺乏严肃认真态度和自以为是的表现。面对种种疑虑与困惑,我认为需要加强专业思想库建设,用来回答一些宏观问题与微观思考。诸如设计是"大"还是"小"的问题,从而明确设计既要考虑"大"设计观念,又要从"小"处着眼解决具体的技术细节(有关这方面问题另文讨论)。

尊重设计智慧

轻视设计思想和理论建设,囿于技术功利和商业功利的围城,盲从于少数暴发户式企业家目空一切的歧义诱导,服装设计精英们正在迷失自我,使他们既没有找到真正的市场,也无法开启自己的设计智慧。服装产业发展与设计人才培养之间产生了矛盾，这是不争的事实，而服装工业本身遭遇的发展瓶颈大于设计人才瓶颈，于是把许多不满发泄到学校教育上。不可否认不少企业家在商海沉浮中挥洒了自己的汗水，贡献了智慧，取得了丰硕成果，在完成原始资本积累之后，有的企业家已经成为经营资本的金融资本家。应该看到他们的成功背后，也有设计精英们的呐喊、铺垫的结果。20世纪90年代"名师战略"中曾经辉煌的设计师们，不能因为今天服装产业发展的新走向而否定了他们的设计智慧。近几年，媒体和企业轻视设计智慧和将设计师视为企业木偶的现象，不觉让人感到阵阵酸楚。设计智慧和个人价值远没有受到应有的重视，因为市侩与功利，削弱了人们对创意的尊重。

当然，设计师已经从早年的学术型，逐渐走向开放型、务实型、动手型，已经从纸面设计型，走向生活实践设计型。面对市场和服装产业进步，原先出思想的专家们，有不少由于年龄的原因，已经很少参加主流活动。而新一代服装设计专家，真正具有宏观思路、理论积淀、开阔视野、国际交往能力和高贵生活体验的人物少之又少。常常出现在高层论坛和媒体的有些专家作秀成分多于他阐述的实际思想；有的专家常年从事行政工作，疏于研究，无论从感情，还是生活体验，很少能接受新的时尚意识，有时看似重要的研讨会变成了环顾左右而言它，或讲一些毫无针对性的放之四海而皆准的空话，而使受众进一步丧失了对权威和思想的尊重。重树理论的旗帜和对设计智慧的尊重，可以说是服装设计事业发展关键之一。

呼唤"穆特修"

面对理论和实践的困境，使我想起20世纪初的德国，当前中国需要有穆特修式的人物和思想，来振兴中国的设计和改革设计教育体系。德国是继英国以后又一个崛起的工业国家。20世纪初德国的工业设计同样遭遇了我们今天又不似今天的困境。1907年10月赫尔曼·穆特修(1861—1927)组建了"德国产业同盟"，这个类似于设计师协会的组织，是一个由工业家、建筑师、工艺家相互联合的团体。赫尔曼·穆特修是当时德国政府贸易部主管工艺与教育的官员，曾在英国居住7年，任德国驻英国大使馆的建筑专家，对英国"艺术与手工艺运动"有着深刻的了解。回国以后立志改革德国的设计及设计教育，他大量地撰写文章褒扬其设计思想，鼓吹功能主义的设计原则。尤其是他深感德国新型设计人才的严重缺乏，决心改革德国设计教育体系，并立即着手进行设计教育改革试验。而由赫尔曼·穆特修组建的"同盟"也得到了德国政府的大力支持,成为世界上第一个官办的设计中心。同盟的目的是要在各行各业推广工业设计思想,组织和说服美术、产业、工艺、贸易界的领导人,来推动"工业设计产品的优质化"。所有这些做法直接催生了世界上第一所现代设计学校——"包豪斯",从而使德国的设计和制造业至今仍然是世界设计和制造业的领头羊之一。联想到当今中国服装设计面临的困境,中国不正需要理论的先导和穆特修式的人物吗?保持和促进服装设计事业发展,从中可以构建出从理论到实践,从政府到企业的良性的"生态链",其中每一个环节都不可断裂。轻视理论把握,凡事抱着实用主义的态度,媒体的话语权成为企业的广告语的时候,这个行业就已经成为"皇帝的新衣"了。

图 4-7
爱登堡 09/10 秋冬男装流行趋势发布中的英伦风尚

从"创意英国"到"激情英伦时尚",从"香榭丽舍大街的香风"到意大利设计师血液中渗透的"巴洛克"浪漫情怀,从孟买带有分裂精神特质的梦工场到上海新兴的创意产业基地。设计艺术貌似浪漫的秉性之外,实则背靠着强大的思想库,轻视精神财富,服装设计同样会付出代价。(图 4-7 至图 4-9)

图 4-8
宝莱坞:印度梦工厂

图 4-9
位于上海普陀区苏州河南岸莫干山路 50 号的 M50 创意产业园

人们已经越来越注意设计为人类带来的财富和幸福，设计越来越使人们的穿着走向高标准、严要求的品质生活；人们越来越反感组织者们那种营造的矫揉造作的伪绅士趣味，追求真正的诗意生活和发自内心的对待生活的品质要求，这离不开思想的引导。

——选自《服装时报》2005 年 7 月 29 日"超凡说俗"栏目

所谓短评，是一种短小精悍的评论文章，时效性和针对性强，特点是"一针见血"、"评其一点"，这是评论中的一种"轻武器"、"短武器"。①服装评论一般就服装方面一事一议或配发的评论。服装短评的形式有许多，有个人署名的小评论专栏，这类评论文章三五百字，针对性强，参与者多，很受读者欢迎，此类在报刊上多见。此外，还有专门在报纸杂志前后的编者按或编后语等评论文章，有的署名，也有的不署名。在报刊上刊发的这类文章大都是报社编辑部的工作人员撰写，他们用上几百字刊发一篇评论，主要是提醒读者注意或强调的问题，于是起到"画龙点睛"、"聚精会神"和说明、解释的作用。在报纸杂志上刊发的这类文章大都是报纸杂志的主编或副主编撰写，他们主要是对某一期杂志的主题作一些强调，以突显杂志的学术价值，当然也有引导读者之意。如《服装时报》"点评名师"栏目中曾有一篇编辑部工作人员撰写的有关"点评名师"编者前语。

附文

细想想，生物的本性中总有一种趋同，譬如动物界罢，总是在几个领头的先行强者带领下，才能前行，这或是名师产生的原因吧！社会各行业都有为数不少的名师存在，因其不像大师那样有着严格的评定标准，是少数。

所谓名师，名者，业内知名，声望在外；师者，敢为人先，传道解惑。对于国内服装设计界的关注者们来说，纵令现在国际化的程度越来越高，但不管新字辈或小字辈，甚或名师相互之间的目光也总盯着这些业界的领头羊。他们不像国外大师那么遥不可及，其成绩就在身边，其现状也许就是自己的明天。距离产生美不假，但近距离一些也会生出自信或希望。

服装界的名师现在不少，具有代表性、起表率作用的想必当数每年中国国际时装周评选出来的"金顶"和"十佳"。这些站在中国

---

① 李德民.评论写作[M].北京:中国广播电视出版社,2006.

图 4-10
2009 年度"金顶奖"和"十佳"设计师的颁奖典礼,金顶奖由设计师李小燕获得(前排左二)

时装设计界风头浪尖的人物,成为中国服装设计水平的代表,身罩光环,为鲜花和掌声簇拥。但光环往往会成为一个屏蔽,让人难以走近,从而感受他们的真实。(图 4-10)

这样,点评名师,成为一个能走进名师世界的良策。当然,点评名师的一定要是同样级别的名家,后辈新人限于阅历、能力等等很难对名师作出公正评选。李超德,体态魁梧,而风度翩翩,性情豪爽,而古道热肠。任苏州大学艺术学院副院长,中国服装设计师协会学术委员会主任委员,桃李天下;与名师王新元、姚峰同门,见证了中国服装设计名师的发展历程;以大手笔策划、前瞻性思想闻名业内。

李教授这次以平凡自称,主持"超凡说俗",目的是希望能把这些为大家所景仰的名师们褪却光环,还以本来,回归世俗,让名师们和受众形成一种零距离接触,这对于名师本身或受众来说都是件好事。"公正客观、经得起推敲"是李教授成文前极认真反复强调的,我们对此深信不疑。——编者

——选自《服装时报》(设计·模特周刊)2004 年 1 月 2 日

(二)记者点评与系列评论

记者点评文章常用一种评论形式,他们大都是报纸杂志的特邀记者或专职记者。记者到了现场,在采访中,他们发觉新闻的背后还有许多问题值得探讨。于是,在撰写新闻过程中,记者会针对时尚事件进行夹叙夹议的评论。此类文章是将新闻与评论两者相结合的一种表达形式,有的时候侧重于新闻事件的真实描述,有的则侧重于新闻事件背后的评论。这对于帮助广大读者从深层次理解新闻事件有着积极意义。当然记者点评文章的质量与记者个人的文

化与专业素质和爱好有关,也与被报道的事件性质和情况有关。

"系列评论是为了针对某一重大问题和事件而刊发的一组评论文章,一般在三篇以上。"[①]服装系列评论也是如此,它所反映的是当前服装方面的备受人们关注的热点话题或者是服装流行的问题,而且广受社会读者关注。一方面是由于该话题在一篇服装评论文章里难以说清楚、说透彻,需要分几块来阐释,另一方面是由于迎合读者的需要,增强报纸杂志的受欢迎度。作为服装系列评论来说,往往都是围绕一个大的主题展开,并分成若干小题目来做,各篇相对独立,又相互联系成一个系统。服装系列评论可以一个人完成,也可以几个人一起联手完成,各有利弊。由一个人围绕主题独立发表服装系列评论,其完整性好,但思维受到一定的限制,相关专业的几个人合作进行服装系列评论,其观点新颖性强,相反其完整性相对较弱。如一些专业评论人士就人们所关注的"2008 年春晚服装"为题发表了系列评论,引起了很大的反响。

附文 说说春晚服装那点事儿

本报记者 黄 璜

小时候,过年有三件大事,穿新衣服,拿压岁钱,看央视春晚。前两件事关个人利益,自然格外重视,绝不含糊,但第三件事多半是随着大人的心愿,顺便凑凑热闹。依稀记得大年三十晚上,早早的就吃年夜饭,春晚开始之时,必定一切收拾停当,一家人坐在电视机前看节目。那时候的春晚是大多数家庭过年中最重要的一项娱乐内容。

如今的春晚,在一次又一次的争议中延续着,越来越漂亮的舞台,越来越眩目的服装,越来越大牌的明星和越来越丰富的节目,依旧挡不住人们烦了、腻了的情绪。归结其原因,无非是形式老套,视觉疲劳之类。

最初春晚的产生是时代的产物,上世纪 80 年代初,人们的生活有了一定的物质保障,相对缺乏精神生活的满足,于是春晚应运而生,并一举成为一年中最重要的一项娱乐活动。虽然在春晚鼎盛时期的节目制作现在看起来很"土",但至今仍被一代人津津乐道。现在的春晚制作水平相当高,整体效果也更加绚丽多姿,但是,人

---

①赵振宇.现代新闻评论[M].武汉:武汉大学出版社,2005.

图4-11
关于2009年元宵节主持人衣
着的网络评论

们对它的热衷度急速下降。

国人穿衣理念的变迁，从春晚服装上便可一目了然。从最初朴素的套装，到后来夸张的演出服，再到如今极尽奢华的整体造型，记录着二十多年来，人们对服装的态度与喜好。

早年间，国内的信息相对闭塞，国际上的时尚潮流对国人的审美影响甚微，春晚上的主持人与演员的服装便是从生活中人们的喜好而来，代表着当时国内的潮流，比如，垫肩很高的女式套装、四个兜的男式西装等。

发展到今天，2008的春晚已然是另一幅模样。女主持人一晚就换的三四套服装中，设计师将中国文化与国际元素相结合，色系的选用和细节设计等融入了18世纪欧洲宫廷元素，但对于中式的色彩运用，没能跳出大绿大红大黄的搭配手法。风格倒是比较多元，中式的、复古的、时尚的、奢华的都有所表现。男主持方面则有所不同，有的极其简单，一身服装贯穿始终，也有一向喜欢出风头的，穿着浑身镶嵌水晶的西服、复古的宫廷骑士服等高调出场。（图4-11）

舞蹈演员的服装比较丰富多彩，开场舞蹈的主题与去年同为"花"，形式上也看不出什么变化，但负责春晚大部分服装设计的程钧表示，今年的舞蹈服装色彩更加漂亮、层次更加丰富，服装更加精致，与舞蹈的贴合度很高。整台晚会的一大特色是服装与舞美的相互映衬，将舞蹈演员的服装与大屏幕背景中放映的画面相结合，整体效果不错，但如果用挑剔的眼光来看，服装的样式和表现形式并没有根本的突破。

明星的出场服装水平差别比较大，有的相较以往一落千丈，令人跌破眼镜，有的感觉似曾相识，缺乏个性，也有个别国际级明星看似震惊四座，其实不过是拿钱砸出来的彩，算得上是当晚着装的最大亮点。此外，以多人对唱、合唱形式出场的明星在服装配合度方面比较差，甚至有一个两男两女对唱的节目，四人以完全不同的四种着装风格亮相：一对以公主裙配时尚马甲西裤，另一对以晚装裙配碎花西服，其难看程度可想而知。

近几年，语言节目在春晚中占的比例越来越大，但这些节目的服装普遍显得比较随便，除了根据节目需要土得掉渣的搞笑服装，就是男的西服夹克、女的便装裙子，既没有新意，也没有视觉上的美感。临时加入的赈灾表演汇集了老中青三代重量级的演员及明星，算是当晚的重头戏，表演水平可圈可点，服装却显得比较明显

图 4-12
牛莉在新浪博客中公布并慈善拍卖 2010 年春晚小品中所穿着的粉红外套,为河北承德"牛莉希望小学"募集善款

的零乱。也许这些节目是为了追求平易近人的效果,但毕竟是数亿人同时观看的节目,怎么也应该在视觉细节上多下点工夫。(图 4-12)

　　指指点点了一圈,孰优孰劣不是重点,在如此的太平盛世中,那些蕾丝花边、荷叶裙摆、拖地长裙泛滥在春晚的舞台上不足为奇,但是,多年来,类似于露肩、收腰、大裙撑的服装在春晚上已经成为一成不变的服装模式。世界时尚疯狂地左右着大众的审美,春晚对服装的这种坚持,恐怕也算不上是独树一帜。

　　服装的不断改进未必能改变春晚的命运,毕竟它只是春晚的一个元素,但是,春晚的服装服饰不可避免地影响着外界对中国时尚的印象,并且在一定程度上反映着中国整个时尚行业的发展水平。虽说让春晚服装走向国际有点过了,但总不能把不入流当成主流。

附文　春晚不关流行

老　豹

　　虽然身在飘渺的时尚圈,但总以为流行这个词是密切相关于社会、经济、文化、生活乃至政治现象的,换一种说法,时尚的流行总能在某种程度上反映之前或当前的人类社会活动焦点,譬如当年 911 事件后世界五大时装周的发布,几乎所有的时装设计师和品牌——这些时尚流行的创造者和低调的色彩来为和平祈祷。从这个角度而言,似乎今年的央视春节晚会的主题除了传统喜庆节日外,还有三个主要内容,其一是南方赈灾,其二是 2008 北京奥运,其三便是神七的即将上天。

　　往年春晚都在营造欢乐、祥和的大团圆氛围,并或多或少地达到了效果。但是,2008 年的春晚面对南方持续的雨雪冰冻,社会的

主流心理不再是花团锦簇奔向春天的喜庆，而是直面寒冷的悲壮和感动，当然在各种节目的"救场"中，春晚还是在冰冷的雪灾面前做出了应有的表达。但是，那些表演节目的演员着装出卖了这台晚会的尴尬：裸露出的妖娆、红火出的喜庆、刺绣出的华贵等服装表达与雪灾格格不入。春晚的总导演可能忽略了这台晚会在民生等诸多方面会产生的影响问题。

关于奥运的主题，在这里没有得到尽善尽美的表达，尤其是服装方面，一群全球知名的运动员穿着阿迪达斯的运动服站在台上的最直接效果，就是给这个已经世界知名的品牌再次免费做了广告，这无疑是一个非常成功的品牌营销案例。但是对于服装业界关注已久的，有诸多国内知名服装设计师积极参与的2008奥运相关服装的任何信息都没有出现，这些承载了国人浓重的民族情结和国家形象体现的奥运制服、奥运火炬手服、颁奖礼服等已经确定或正在确定的运动流行时尚内容成为最令人遗憾的缺失。

相比较而言，最能体现民族自豪感，最能够代表中国服装科技水平的就是以杨利伟为代表的一批中国航天员的服装，代表宇宙中地球色彩的蓝和胸前红色的国旗，给人以震撼的视觉享受。与之类似的，是王宝强穿着代表各行业农民工形象的制服，或许因为款式简单、色彩单一而不为人注意，但和宇航服一样，所有职业的专业制服，其中蕴藏的科技含量正是纺织服装界"十一五规划"中以提高核心技术含量为基础的中国创造的直接体现。

可能对于大众而言，能够代表中国时尚流行的不是以上的类别，而是那些大小演艺明星们的着装。因了当代社会的明星效应，每个商家都不会放弃在这样的公众平台上，通过明星来展示自己的产品，获取最大范围的广告效应。从国外的奥斯卡、夏纳、柏林等电影节到国内年终的各种春节晚会和表演活动，明星的着装成为最大的广告载体。

单单就服装而言，把中国文化融入国际时尚几乎是所有人的愿望，今年春晚出现的各种花卉、青花瓷等把人们的视线集中于此。(图4-13)整体而言，鼠年的春晚服装风格表达出某种古典主义的回归，但是我们很遗憾地看到，从色彩的选用、廓形的塑造以及细节的设计等诸多方面，被大量融入的是拜占庭式的欧洲宫廷元素，即便在中国功夫等代表中国特色的表演服装上运用时尚的渐变色系，但反映中华五千年灿烂历史文化内涵的元素运用却是少得那般让人心酸。最让人看不懂的是代表传统文化精髓的戏剧

图4-13
王菲在2010年春晚所穿着的服饰

表演"四郎探母"中,居然在饰演北宋人物的演员身上出现了清朝官服的内容。

其实介于巴黎高级时装周和高级成衣周期间的中国央视春节晚会,能够带给大众的远不该是上面所说的这些遗憾,如此大的一个平台,如此好的一个时间段,是不应该让那些富有才华的设计师们坐在电视前面看着明星们发呆的,也更不应该让各种明星的个性表现成为主流。中国的时尚流行不应该和春晚绝缘。

附文　　春晚礼服暗喻"三戒"
本报记者　邹志萍

春节放假前,就接到了约稿通知:点评今年春晚的礼服。于是,在春晚时间将期待的目光重点落在了主持人、演员及明星的礼服上。

看后,感受很复杂。如果与去年相比,应该说是有着明显的进步,比如说男主持人的礼服已经摆脱了西服代礼服的局面,男主持人终于穿上了真正的男士礼服;还有,设计风格上有着明显的进步,在中国文化体验中有了传统内涵与现代时尚之间的磨合,除此外,还有更多的进步。但是,如果从礼服专业角度去审视,以专业、更高标准去品评,还是能找出整台晚会上所有礼服的三大不足。

戒色——杂乱不协调

此处说的戒色并非无色,而是色乱。各种美丽的颜色没有主次、没有搭配地放在一起,就不美了。记得最初学水粉画时,虽然老师非常强调色彩的丰富性,但有同学画的五颜色,得到老师最终的点评是:垃圾的颜色多不多? 好看吗?

有人说春晚的服装都是演员自己准备的,因此在色彩搭配与协调上很难把握。这个理由倒可以让色彩乱搭有个正面的理由。虽说每次成对出场的主持人之间在色彩上有些精心搭配,但还是可以明显感觉到一组有设计,一组没商量的状况。最严重的是小合唱,先不论单款设计上的杂乱,3~4人之间的礼服在色彩、款式、造型上可谓争奇斗艳,整体性在此仿佛已无发言权,高纯度、高明度礼服排在一起,就像是一组同性相斥的磁铁,让人明显感觉到那种尴尬与相斥的力量,而让人为之惋惜。

戒型——礼服无身段

礼服本身在造型上要求很高,尤其是要注重其对着装者的修身作用。礼服设计中对比例、造型的把握,制板时对板型的拿捏都显得格外重要。可是,在出演春晚的各种大牌明星或歌唱家的身上,总能找出或多或少的缺憾,尤其是在礼服的整体造型上,总是没有显示出穿着者最佳的身段,第一视觉对"美"打折,更别提细细品味。

这种现象在女装上尤为显著。有的礼服设计,在装饰的纹样、立体花卉上大下功夫,试想如果将其挂在衣架上应该是美不胜收,从元素组合、色彩搭配、工艺制作等方面并不会有太大的缺憾,但是,穿在人身上就有些喧宾夺主。"是人穿礼服,还是礼服穿人",这是个问题。更有在整体造型上大为失败之作,骄奢巨大的裙撑掩盖了腰身与曲线;巨大的装饰淹没了身材本身的黄金分割。另外,还有一个问题,过多装饰的礼服没有给饰品留出空间,穿着者再戴上璀璨的饰品之后,饰品与服装本身的装饰之间进行着激烈的PK。

一切精心的设计,在掩盖了视觉美感的同时,就成为了失败的代言。

戒创——造型传统式

时尚的流行在以加速度的态势前行,时装造型设计的更新从一年缩短到半年,再缩短到一季,甚至是两星期。如此的速度更多表现在时装方面,而对于晚礼服这种特殊服装种类来说,会相对慢些。

但是,春晚中所看到的晚礼服,除了主持人服装中的几套还有些新意以外,更多的礼服仍然在设计上坚持走传统路线,礼服的国际流行趋势仿佛一直没有吹开这些着装者或者设计师的心扉。

在关注度如此高的春晚节目中,每个领域都有自己的看点。而作为服装行业人士中的一员,更希望它能展示出中国时装设计师的设计实力,并带动全国大众的审美水平。

希望明年春晚的礼服可以再唯美一点、再协调一点、再创新一点,更重要的是,对人的修饰作用再加重一点。

——节选自《服装时报》2008 年 2 月 22 日

二、电视广播与服装评论

(一)电视服装评论的特殊形式

在报纸杂志、电视、广播这几种传播媒介的各种评论形式中,电视评论的表现手段最为丰富,它可以借助画面、音响、屏幕文字及解说、论述性语言,在视与听、声与形、情与理的相互配合及相互补充中发挥最大的传播效能。"电视是对口头传播与书面传播的一种综合。它一改以往文字印刷的传播方式为电波影像的传播方式，主要是结合了电子技术和摄影录像技术的光电技术，使传播者的音容笑貌和体态神情等都与传播者发生分离，文字的阅读在这里被影像的直接面对所取代。这种绘声绘色的传播方式通过录像机、放音机、CD机和磁带、碟片，通过录像机、放像机、VCD、DVD、电视机和录像带、光盘等大众喜闻乐见的物质设备深入人心，有声有色地改变了人们的生活方式，塑造了一种全新的生存感受。"①可见，电视评论的传播符号多样，它与报纸杂志评论一样有文字，与广播评论相同有声音，与它们不同的是，电视评论作为多种传播符号相结合的评论，它可以最大限度地将观众带到节目中来，加强互动。电视评论一方面可以展现事实，另一方面进行评述，可以增强电视机前观众的参与性。服装作为一种多维的立体呈现，是一种时尚产物，一直以来成为社会关注的焦点，当电视主持人在向嘉宾提出服装相关问题时，这些问题是人们关注的问题，通过嘉宾对疑问的解答，达到释疑解惑的目的，电视机前的观众也得以答案。这充分体现了服装类电视评论具有亲近性，从而达到电视与观众的互动性。

电视评论的形式大体归为两类，一类是源于报纸杂志评论，样式与广播评论相仿的口播评论，包括评论员文章、短评及编前话、编后话等。另一类是视听结合的评论，即更加注意电视自身传播特性以及服装这一特殊对象的评论。其节目形态大致分为服装类谈话体评论、主持人评论和电视述评。(图4-14)

服装类谈话体评论是以服装为对象通过电视谈话的方式播出的电视评论类节目。一般来说，电视谈话是由记者(或主持人)主持，在演播室或其他固定场景与特定的谈话者围绕以服装为主题的某一新闻事件或社会话题，以访谈、座谈或论坛的方式直接进行交流或探讨的评论节目形式。在这类谈话节目中，谈话者之间可以面对面的人际交流，使对讨论主题的意见性信息得以直接的沟通与传播。在此类节目中容易畅所欲言、各抒己见，有助于激发受众的收视兴趣和参与感，营造出一种与观众进行面对面交流的和谐氛围。也有时在此类节目中，为了内容的需要，还穿插播出某些预先录制好的电视画面，以使谈话更有针对性。作为谈话体节目，电视谈话与广播谈话类节目有许多相通之处，也有不同之处。如常常以访谈、讨论、论辩等方式进行，突显了人际传播的特色；观众不仅

①张利群.文学批评原理[M].桂林:广西师范大学出版社,2005.

图 4-14
《美丽俏佳人》2009 年 10 月 9
日关于"谁是美白优等生"节
目现场

图 4-15
女性类娱乐节目《女人我最
大》2009 年关于"绝对让你变
小脸"节目现场

可以"闻其声",也能"观其形",体现了新闻报道的现场感、真实性。一般情况下，服装类电视谈话类节目主要有三种形式，一为访谈式，如主持人访著名服装设计师、服装界知名人士；二为讨论式，如主持人邀请有关方面的政府官员、服装界权威或服装界各方面的代表人士，围绕服装相关的话题进行座谈或论坛式谈话节目；三为现场参与式，如主持人主持，由特邀嘉宾和演播室受众直接参与，就服装相关问题中群众关心及感兴趣的话题展开讨论或争鸣的评论形式。(图 4-15)

服装类主持人评论是以服装为内容,由主持人直接参与策划、写作、播出的全过程,并以与观众直接交谈的方式出现,融叙事性与哲理性、个性化与人格化于一体的评论形式。此类评论形式充分展现了主持人所特有的仪表装束、气质修养、表情动作等可感知的视觉形象,体现出鲜明的人格化特征。

服装类电视述评是以服装为评论对象,将新闻报道和新闻评论融为一体的杂交品在电视中具体运用。它既报道事实,又对新闻事实做出必要的分析与评价。它与报纸杂志、广播述评的最大不同之处在于它特殊的表现手段,它将画面、音响、屏幕和解说,论述性语言结合起来, 充分借助视听功能, 使电视述评内容更为表情达意。"服装"作为人们日常生活中的重要组成部分,与生活息息相关,同时"服装"作为观赏性较强的物质载体,通过电视述评的形式,这对服装的流行与传播有着广泛而深远的意义。

(二)广播服装评论的特殊形式

由于广播的传播速度快,加之节目制作工序相对简单,流程较短,因而对于新闻事件的反应速度很快。同时,广播评论强调长话短说,除了要扩大节目容量以外,主要是为了适应听众专注收听的耐久力。服装作为广播评论的内容之一,由于其反映与人们生活紧密相连,以及服装流行变化之快,与此同时为了达到迅速将服装有关信息通过广播及时传达给受众,它就要求广播评论惜墨如金,使每个字都用在刀刃上,发挥其应有的功能,以最短时间将服装信息及时传达给受众,以满足人们的生活需要。同时,"广播评论是用声音符号传播内容的评论, 它不像报纸杂志评论那样可以供人反复阅读,仔细玩味,也不像电视评论那样除有声语言之外,受众还可以借助于画面语言和文字语言理解评论内容。"①因此,作为单一通道传播的广播评论,应在"通俗"上下功夫。广播评论的对象为"服装",是大众化消费的一种产品,因此,一般情况下广播评论的所谓通俗易懂,是要求把一篇评论的服装及其所蕴涵的深奥的、非大众化的道理,通过具体可感的材料及解释,深入浅出地加以表述,让听众便于理解,易于接受。与报纸杂志评论的理性相比,广播评论更多地呼唤人的感情。同时,作为声音传递信息,以声音表达情感的广播评论,既要让听众易懂,也要让听众爱听,只有这样,广播评论才能让人既入耳,又入脑,又入心,收到应有的传播效果。服装作为人们生活不可缺少的一部分,通过广播评论,向听众传播服装有关知识,正确引导听众的审美观念及着装方式,使广大听众受到感染,从而提高他们的生活品质。

一般情况下,广播服装评论按体裁样式可分为两大类:一类是从报纸杂志服装评论沿袭而来的,如评论员文章、短评和编前、编后语等;另一类是更能体现广播特点、广播优势及服装特点的评论样式,如广播述评、广播谈话、评论员评论及音响评论。目前,广播服装评论主要以报道评论为主,由于缺乏了视觉形象,广播评论被

---

①胡文龙,秦珪,涂光晋.新闻评论教程[M].北京:中国人民大学出版社,1998.

边缘化。

三、电子网络与服装评论

（一）网络服装评论的发展

网络是基于电子和通信技术发展而发展起来，是科学技术进步的产物。但它的意义已远远超出了单纯的技术内涵，已经扩展至传媒领域，是继报纸杂志、电视、广播等传媒之后新兴的第四媒体，并日益深刻地影响和改变着人们的生活。这种传播方式以受众为中心，一切传播手段都是为受众服务。

网络媒体的快速发展所带来的信息传递方式、信息传递速度、信息传送量以及反馈方式的变化已广泛引起人们的关注。作为一种区别于传统媒体，网络媒体具有其他媒体传播方式无可比拟的优越性，即信息传播快、时效性强、容量大、覆盖面广，等等。基于此，网络所承载的内容便呈现出不同于传统媒体内容的个性特征，其内容也是广泛的，如散文、小说、新闻、评论，等等，当然也包括服装领域。在各种文体中，网络评论是一种最具代表性，最能体现网络精神的广受欢迎的文本。（图4-16）

从总体来看，服装类网络评论主要有两种表现形式：一种形式是专门开辟的言论频道，在某种意义上它类似于报纸杂志的评论版，主要是一些服装业内人士的评论文章，起到一种导向作用；另一种形式则是网络论坛，即BBS。也就是指网民以固定的非真实姓名自由地叙述某些事件、表达自己的观点和意见并进行交换的基于网络技术之上的虚拟言论空间。[1]除此之外，新闻跟贴也是网络评论的形式之一，能够及时地表达网民对新闻事件或现象的看法。当然在这些评论式里最重要的当属服装专家专栏和网友言论了。（图4-17）

16 | 17

图4-16
《Interview》2010年4月推出了"iPad 特刊"

图4-17
onlylady 网站论坛，题为"'妖女'范冰冰尴尬撞衫镜头"的一则帖子

---

①赵振宇.现代新闻评论[M].武汉：武汉大学出版社,2005.

网络评论随着网络的发展及网络论坛的兴起而发展起来。处于网络传播中的服装评论，在市场经济运行机制日益渗透和制约社会各个方面的现实生活面前，在现代网络传媒手段快速发展并被广泛应用的信息时代面前，就要真正肩负起自己的使命，要遵循服装评论自身规律的必然要求，发挥服装评论的作用，促进服装业的发展。

(二)网络服装评论的特点

网络服装评论结合了网络评论与服装的特点，与传统媒体评论区别开来，呈现出一些新的特征。

首先，时效性更为突出。由于网络的优势在于它的快捷方便，尤其是它的互动效应令人惊讶，成为它区别于传统媒体的主要特征。一般说来，服装评论的时效性主要取决于两个方面，一是评论员获知新闻的时间，二是评论写作及发表的制作与传播周期。总体而言，不同媒体评论员获知新闻的时间不会相差很大，因此，服装评论的时效性主要是由媒体的制作与传播周期决定的。与报纸杂志评论相比较，网络服装评论更为及时，往往服装相关活动一发生，几小时甚至几分钟之内，网上就开始有人发表观点和看法，这是网络媒体赋予评论的独特功能。服装作为人们生活的必需品，每天都与人发生着关系，服装风格的定位与流行都会时刻改变着人们的着装和礼仪与审美，而服装的流行往往都是通过媒介由专门机构或有关服装专业人士进行发布。网络这一快捷方便的特点，加快了服装的流行。因此，网络媒体由于建立在便捷的数字通信之上使服装评论的时效性大大加强。

其次，参与性大大提高，显现了现代社会公民言论的民主性特征。尽管传统媒体上都设置了读者来信板块，可大多数情况下读者或观众只是评论的阅读者或收看者，而没有很强的参与性。而在网络这种现代传播方式中，传导者与受众之间紧密相关地交流互动，因为点击者不仅是网络信息的接受者，同时还可以直接在网上发表自己的观点或看法，如网上的对话讨论、评论等。因此，网络不仅使评论者获得了空前的自由度，也使受众享有充分的阅读和评论自由；而且评论者与受众可以自由、及时地进行交流，虽然仅是三言两语，却表达了受众们的真实感受。虽然这种评论不全是专业性的，评论的深度也有待商榷，但这种互动式的对话评论使参与性大大提高。目前，许多服装报纸杂志也纷纷创建了网络版，而遍布各大综合网站或专业网站也设立了专门评论页面、聊天室和BBS公告牌,大大拓宽了服装评论的参与性。

其三,覆盖面涉及甚广。报纸杂志、电视和广播由于受版面及其他因素的限制,不可能对每条新闻都发表评论,而且评论的长短也很受限制,但网络上却不一样,篇幅的多少却不受限制,其空间可以无限扩展。"网络就像大路边的一块黑板,谁都可以在上面涂鸦,人人可以集作者、编者与读者于一身。在网上,每个网民都可以自由写作、赏析和批评,范围相当广泛"。①"因为任何人都有权力通过敲击键盘来向人们诠释生活的意义和情感的理解,任何人都没有权力垄断文学诠释生命的义务"。②同样,网络也使服装评论在同一时间被许许多多的人阅读与参与,其覆盖面无法计算,当然"被更多人接受"正是服装评论的最终目标。

然而,我们又必须看到,当某一事件、新闻、学术问题置于公共网络平台以后,由于参与者自身综合素养、阅历的不同,发表的言论往往超乎于道德的制约。甚至利用网络进行人身攻击、谩骂。这又形成了全社会的公共道德与信任危机。在网络时代,一方面如何使正常的讨论变得更为宽容,另一方面如何使自身的言论更自律,合乎一定的道德规范。2009年4月下旬由李超德撰写的《不要作贱时装——评赵半狄的熊猫秀及其他》一文,所引起赵半狄博客文章的谩骂,以及由此展开的网络攻击就很好地说明这一问题的严重性,短短的几小时中该文在新浪网点击63 000多次。这一个案,典型地反映出服装评论通过网络平台而产生的连锁效应,使得学术领域的一场评论风波变成了人身攻击。

附文　　　　**不要作贱时装**
——评赵半狄的熊猫秀及其他
李超德

前几日,偶然在"凤凰卫视"的节目中看到行为艺术家赵半狄在巴黎和2007年国际时装周上所作的熊猫秀,以及接受短时间采访的报道。面对熊猫秀,我仿佛看到了一场恶俗秀,心里愤怒难平。如果说赵半狄作为一名先锋艺术家,他在其他场合展示其观念作品我无可指责。因为,作者正需要引起轰动的震惊效果。然而,他的

---

①张利群.文学批评原理[M].桂林:广西师范大学出版社,2005.
②袁立庠.论网络文学传播特性[J].现代传播,2002(4).

时装秀是以时装周专场秀的面貌出现的，就不得不引起我的激愤与思考。

记得多年前曾有一场场面宏大的滑稽时装秀谓之"紫禁城"。模特头顶琉璃瓦大屋顶，身披乳钉宫门大披风，活脱脱像似做一个宗教仪式。所有的媒体几乎都报道了这场所谓的时装秀，还美其名曰为中国时装民族化而探索。说是时装秀，实则与时装无关。但是正是媒体借用人们猎奇的目光，把他奉为了著名时装设计师。当然，我们不能苛求所有的民众都能理解"时装"的含义，如若你将它视作是一场大型的广场群众文艺演出，也许是可以接受的。

关于赵半狄，坦率地说我从事艺术与设计工作三十年，之前没有听说过此人，想当年我也在《美术观察》等杂志上呐喊过不要用评判足球的规则去评判一场橄榄球般评价现代艺术，而为现代艺术家鸣不平，对先锋艺术家抱有理解之心与同情之心。但是，我又不得不承认，当电视镜头闪现他的影像时，我们又算是有一面之交的。那是去年在清华大学肖文陵举办的一次学术沙龙上，赵半狄即坐在我身旁，所以我对他并无恶意。虽说这场"熊猫秀"已经过去，那个沙龙上他说过什么也全然忘记(我是记得我谈了"设计之美的另类解读")。但他的这场"熊猫秀"让我对其艺术态度和艺术主张产生了质疑。恐怕他应该属于那种在真正的艺术家中被称为先锋另类的行为艺术工作者，在大众传播语境下又属于艺术家的那种行为异常者。有鉴于他的"熊猫秀"，促使我上网搜寻了一下有关他的新闻。赵半狄甚至还参加了"威尼斯双年展"，为所谓公益广告也做过一些富有创意的工作。但绝大多数的行为实则和艺术无关。

先锋艺术家常常以制造新闻来提高自己的声誉，其实当代观念艺术就已经模糊了艺术的定义，模糊了艺术家的身份。黑格尔不早就说"艺术死亡"了。人人为艺术家，人人也不为艺术家了，更不要说是服装设计了。人人要穿衣，人人就有表达对服装的愿望。一场"熊猫秀"究竟是时装展示，还是其他什么演示，看起来并不重要。让我们思考的是时装周作为专业会展的神圣殿堂，"熊猫秀"玷污了这一殿堂。我们不能要求时装周的工作人员如侦探一样一开始就已经洞察赵半狄的"用心良苦"，更何况还是以熊猫的名义。而我们应该意识到作为先锋艺术家的赵半狄打造的"熊猫秀"，只不过借用时装之名再一次在人生这个舞台上又上演了一部戏弄大家的滑稽戏而已。在这场发布了所谓的33套"高级时装"中，有官员、新娘、法官、护士、清洁工，更有同性恋、囚犯、视频裸聊者、二奶、三

图 4-18
"官员"造型

图 4-19
网络红人杨二车娜姆与一名
外籍观众当众亲吻

18 │ 19

陪小姐、乞丐,等等,甚至在 2007 年的那场演出上,还出现了杨二车娜姆与一名外籍观众的当众亲吻。(图 4-18、图 4-19)而赵半狄在解释他的时装理念时则声称:"将以中国社会中绝不可忽视的阶层,中国最鲜活的人物为角色,上演一场中国社会多种阶层,多种人物争奇斗艳的一幕。"这位以熊猫作为全部艺术线索的艺术家,改行做时装设计师算是马失前蹄了。从专业程度而言,所展示的 33 套时装,既没有"时尚"、"时髦"的流行信息,也没有作为衣装的技术水准。粗陋的剪裁,款式的牵强,面料的低档,都无法用高级时装对其加以理解。从内容上看,社会上形形色色的人物以时装的名义混迹其中,向人们宣扬了一种颓唐的心态。如果说作为"三陪小姐"、"二奶"等现象还可以是社会学的反思和伦理学的思考,而作为"时装"的意义又何在呢?琥珀网有一段赵半狄的视频名为"赵半狄奢淫生活"的录影,就更让我惊愕了。赵半狄左拥右抱,丑态百出,如果这也算人生思考的话,那是社会角色中对艺术家的极大亵渎。

时装界是个名利场,时装界的纸醉金迷是公开的秘密,但也不能以"时尚"为招牌而不要廉耻。时尚沙龙如同演戏一般,许多人热衷于混迹其间,虚无与空幻,迷失了许多人的理性价值判断。我觉得当所谓的时尚真正成为你生活一部分的时候,时尚的生活才真正来到你的身边,你才真正时尚起来。时装以行为艺术的方式表达不可谓不可以。"例外"设计师马可去年在法国文化部长私人城堡中所表演的服装,我就将其理解为一种服装观念的行为艺术。我之所以称赞马可的服装秀,是因为马可所作的文化思考是围绕服装设计而展开的。她从种棉、纺线、织布,到人与自然的冥想,马可进入了其他设计师无法企及的形而上的理想境界去思考人与服装的关系。马可的"秀"让人们将服装当作艺术品来欣赏。这既是一种哲学性的思辨，又是一场视觉的盛宴。所以我由衷地夸奖她。因为她提升了中国服装设计的艺术品质，表达了民族文化自觉的内在动力。而"熊猫秀"似乎也以中华民族为驱动力，因为他抬出了国宝"熊猫"。只要稍有艺术品德和文化逻辑的人就不难看出，这是一场轻浮的恶俗游戏，它和艺术毫无关系，与时装风马牛不相及。

高级时装作为精英文化人士的生活要求，它恰好是与戏弄、游戏、无政府主义相对立的。"熊猫秀"的出现，除糊弄非专业人士的眼球外，没有任何专业意义，相反对年轻设计师产生了极大误导。这就如同，加利亚诺当年设计了层层叠叠色彩斑斓的时装后，全世界的设计师群起而仿之，都以缠绕、裹扎为设计手法，上演了一场场似曾相识的时装舞台剧一样。

不要作贱时装，让我们共同守护这份美好、优雅的精神家园——时装周。"熊猫秀"虽然已经是旧闻，但我真担心它毁了中国人的时装梦。

——选自《服装时报》2009 年 4 月 24 日

附文　对赵半狄熊猫时装秀挨骂的六条理由的简析
陶　嘉

头上总是顶着一个卡通熊猫的赵半狄在法国巴黎举行了一场"熊猫时装秀"，他以熊猫造型为贯穿元素，表演了一组中国社会各阶层人物时装秀，包括了民工、三陪小姐、追星族、乞丐、同性恋、网络红人、法官等"最鲜活、最现实"的 33 套时装。(图 4-20)4 月 2 日，赵半狄在新浪发表博客称，数千网友留言骂他向洋人摇尾乞怜，赵还转贴出网友总结的骂他的 6 条理由。而在一片骂声之中，也出现了微弱的为他辩护的声音。(现代快报 4 月 5 日)

这六条理由分别是卖国辱华、摇尾乞怜讨好洋人、投机愚民、家丑外扬、侮辱国宝、自我炒作。

对于赵半狄第一条罪状:卖国辱华，很多网友用了很多充满侮辱性意味的语言对赵半狄进行了充满快意的讨伐，貌似很过瘾，但回过头来仔细审视一下，这顶帽子是不是扣的有点大，赵半狄只是一个带着强烈炒作意识的所谓先锋行为艺术家而已，一场在法国巴黎的服装秀就能让他具备了卖国和辱华的能力，那我们也太抬高这个整天把一个熊猫卡通帽子戴在头上的"艺术家"了。

图 4-20
法官形象

第二条罪状摇尾乞怜讨好洋人,这种说法有点不靠谱,洋人难道就都是喜欢看我们的社会不光明的一面的?看到我们的丑恶一面他们就一定会很高兴不成?赵半狄展示的这些二奶、贪官现象本来就是存在的,洋人的心态也未必就如某些人想的那么猥琐吧。

第三条投机愚民,笔者基本赞同。对于此艺术家前一段时间在《功夫熊猫》上映时去电影局找领导抗议一事,当时看到此新闻就觉得此君炒作目的太明显,如今又在国人瞩目巴黎之时在那里搞熊猫服装秀,真的是让人感觉此人太善于抓住一切时机进行个人自我炒作,投机心理暴露的很明显嘛!

家丑外扬笔者认为这个理由和第二条一样,谈不上,信息时代,有了家丑,不外扬人家也心知肚明,内心自信才是真正的民族强大。老是把头埋在沙子里不愿正视自己的缺点,难道这样我们就完美了,就强大了?老谋子的电影曾经有一段时间不也是被冠以家丑外扬的帽子吗,好在现在老谋子电影这摊子事放下了,大家也不议论了。

侮辱国宝……说拿国宝熊猫进行个人炒作,那是真正目的,但因此说他侮辱了我们的国宝,我看倒没有那么严重,起码赵半狄本人这么多年孜孜不倦的致力于熊猫艺术,在国外到处做宣传,也是为传播我们的国宝形象做出了贡献的,而且我们也真的要拿出美国人那种国旗图案印在比基尼上的襟怀和魄力,不要动不动就上纲上线的给别人戴高帽。

至于最后一条,自我炒作,没啥可说的,我完全赞同!

——节选自《国际在线》网站专稿

第二节 服装评论方法的分类

一、服装评论方法的定义

有人说,评论方法论是评论的技术,或许有人会问,我们有了评论的技术就足够了吗?其实不然,除非你只想成为一个工匠,因为工匠只需要技术,不要过多地去了解为何采用这种技术的理由,也就是说他不需要理论。然而,要成为一个真正的评论家就不仅仅如此,也就是说当他要采取某一种方法或是技术时,必然要存在的一个自己的理由,是建立在一定思想的层面的。

20世纪是个"批评"或"评论"的时代,艺术理论学派林立,艺术评论方法也层出不穷,形成了众多评论流派或模式。所谓艺术评论方法"是指从艺术的特性出发来研究艺术现象,揭示其社会价值和美学价值,以及其本质规律所运用的手段、途径和方式的总和"。①100 从方法学角度来讲,一般研究方法可分为哲学方法、科学方法及具体学科方法等三种层次。从方法学上,哲学方法是最高层次,即世界观和方法论。一般科学方法属于第二层次,指各门学科都普遍运用科学方法,如观察方法、实验方法、逻辑方法、分析综合方法、比较方法以及系统论、控制论、信息论等方法。具体学科方法属于第三层次,指各门具体学科所特有的方法,如艺术社会学即是应用社会学对艺术活动、现象的分析与推论。从不同的价值观来看,可以将评论方法分为印象评论方法、规范与主题评论、形构批评及情境评论。②从传统评论理论看,将评论方法可分为道德评论方法、审美评论方法及社会评论方法。从现代评论看,将评论方法可分为形式评论、心理分析评论、原型评论、马克思主义评论等多种形式。①105

服装作为艺术的一个特殊对象,其内容极其丰富且具有鲜明特点,这就造成服装评论方法的多样性特点。因此,我们结合服装以及评论自身的特征规律,将服装评论方法可以理解为:"从服装的特征与内涵出发来探究服装所含的艺术现象,深刻理解其社会价值与艺术价值,以及其本质所运用的手段、途径和方式的总和。"

二、服装评论的一般方法

(一)分析与综合

分析与综合,是逻辑思维方法的重要内容之一,也是抽象思维中最重要的两个环节。所谓分析,就是在思维过程中把对象的整体分解为各个部分、要素、环节、阶段并分别加以考察的方法。分析之所以成为逻辑思维的基本方法,在于任何思维的对象都是一个由各种要素、部分、环节、阶段构成的事物系统或事物过程,人的思维要从对象的各个方面来着手,否则就无法进行。思维的任务就是把认识从具体提高到抽象,从个别提高到一般,从直接获得的知识提高到间接的知识,从偶然中发现必然,从现象的认识达到本质的认识来看,就必须对思维对象进行分析,从多种现象中,从事物的组成、多种属性和方面中发现规律性的东西,从而为形成关于思维对

①谢东山.艺术批评学[M].台北:艺术家出版社,2006.
②姚一苇.艺术批评[M].台北:三民书局,2006.

图 4-21
"设计师梁子与天意莨绸"

象的概念、判断打下初步基础。(图 4-21)

所谓综合,就是在思维过程中把对象的各个方面、要素、环节和阶段有机地结合成整体的方法。综合是从分析的地方开始的。通过分析,人们把事物整体分解为各个部分来把握并从中提示出事物的本质。但是思维停留在分析阶段,就会使对象在思维中处于肢解状态,不能形成全面的认识。可见分析和综合是相互补充、相互验证、不可分开的。在思维过程中,人们需要对客观事物的各个方面、各个部分以及它们的特性分别加以分析研究,再把这些要素、特性等结合起来进行综合思考。

在服装评论中,分析与综合方法具有重要地位,任何一种服装评论方法都绝对离不开分析与综合方法。但此方法有一定的局限,如果缺乏系统整体观念,机械地运用分析与综合,往往会把这种方法看成为"拼凑"与"分割",不能真正从本质上揭示出评论对象服装这一价值和意义。因此,分析与综合方法应当力求辩证与深刻,这才是其作为辩证方法的意义。

(二)归纳与演绎

在逻辑思维方法中还有归纳法和演绎法。我们在分析人们的思维时认为它总是从个别的事实开始,进而到达一般的结论,归纳法就是从个别的单称陈述推导出一般的全称陈述的方法。孔子关于《诗经》的"思无邪"的论断,就是用归纳法对诗三百篇作了具体考察之后,推论出来的一般性结论。在服装评论实践中,归纳法普遍被运用于总结服装生产、设计、管理及文化等各个方面。尽管归纳法具有客观性和创造性,但同时也有一定的局限性,即在服装评论过程中往往由于掌握的材料不充分将会导致不同的,甚至矛盾的结论。(图 4-22)

演绎法与归纳法正好相反,它是从一般走向个别的思维方法。在人类的实际思维过程中,人们总是借助逻辑思维方法中的归纳法对世界万物进行分析、总结,得出新的结论、新的概念及新的原理,然后通过演绎法将这一般概念和结论不断推广,促进人类的认识不断地发展进步。

服装评论的演绎法与归纳法比较起来,相对缺少创造性与客观性。原因在于它所得出的结论是有个"大前提"为基础,而不能突破"大前提"这个范畴,一旦这个"大前提"不成立,此结论就无法成立了。因此也就很难在服装评论理论上有较大的创新。事实上,作为一种科学方法在服装评论中的运用,其归纳法与演绎法相互渗

图 4-22
台湾实体杂志 COOL 流行酷报 2009 年 9 月号对日本潮流之父藤原浩的专访

透,相互转化,归纳是演绎的基础。正如恩格斯所说:"归纳和演绎……是必然相互联系着的。不应当牺牲一个而把另一个捧到天上去,应当把每一个都用到该用的地方,而要做到这一点,就只有注意它们的相互联系、它们的相互补充。"①

(三)比较方法

所谓比较方法是在服装评论中根据特定的标准对彼此有某种相关的艺术现象加以比较分析,从而确定其相同与不同之处,是深入认识服装本质的一种方法。"比较方法的基本原则主要有两点:首先,确定'可比性对象和范围'。根据艺术现象之间的'可比性',确定比较对象及其比较范围。其次,进行'对照分析',探求事物之间的异同。这是比较方法的重心,亦即,在对象的比较范围内进行比照,确定其间的异同,特别是显著区别的,从而深入把握比较对象的本质特征。"②

可见,比较方法在艺术批评中是必不可少的。同样在服装评论中也是如此。当然,在服装评论的实际操作中,比较也有不足之处。例如在比较中为了有意扬此抑彼,仅作横向比较,而忽略纵向比较。

在服装评论中一般科学方法除了以上列举的这些,还有系统论方法、控制论方法及信息论方法等现代方法,在这里就不逐一分析了。

附文　　**潘杰摄影视觉语言之我见**
　　　　　　沙小帆

我欣赏潘杰的摄影才华,这不仅因为他能准确地把握时尚信息与感受,而更在于他是集高超摄影技巧与独特审美视角于一体的优秀摄影师。可以说潘杰时尚摄影作品所闪烁的灵性与张力,是服装设计界所公认的。(图4-23)

潘杰的视觉语言是梦幻般的,他突破了一般摄影师僵硬、呆板、直面式的摄影,从流动的生活瞬间寻找梦幻的画面,或辽阔的草原和白垠的海滩,或充满抽象意义的色块和闪光的金属板。在迷

图4-23
摄影师潘杰

①中共中央马克思恩格斯列宁斯大林著作编译局.马克思恩格斯选集[M].北京:人民出版社,1972.
②谢东山.艺术批评学[M].台北:艺术家出版社,2006.

离、虚幻、流动的格调中,让人产生隽永的意境。浏览潘杰的代表性作品,品味出取景的直觉中蕴含着摄影师对形式美规律的把握。许多作品画面的切换,既渗透着设计师的意念,又体现着摄影师突破一般形式规律的制约,赋予作品独特新颖的视觉语言。

我曾经将潘杰作品与缪格勒、加里亚诺的作品和 Catalog 作过比较,或许潘杰受到过大师作品的启发,但更多的是在具有后现代色彩和金属感的前卫画面中, 注入了东方摄影师特有的情怀和细腻的情感。无论是缪格勒、亚历山大式的前卫风格,还是费雷、拉格斐尔德类型的经典画面,潘杰既追逐世界流行的潮流,又阐述着自己对品牌与流行的理解。因此,潘杰的作品似乎汇集了时尚经验,反映出摄影师对技术美和艺术美的总体把握。

潘杰的视觉评议是动感式的。他善于在运动中把握节奏,特别是模特面对镜头的肢体语言,经过摄影师的调度,开放闭合、收缩自如。大到形体的摆放扭动,小到眼神情绪的微调,潘杰敏锐地不放过一丝过失。似乎在动感画面中,折射的是摄影师内心喷涌的创作激情。时尚流行的动感,摄影镜头的动感,时时触动着潘杰变换不同的视觉传达语言,以满足多样性审美的变化。或流露出诗巷雨荷般的深远意境,或充满着惊世骇俗式的视觉张力。有时唯美,美到极致;有时震撼,震撼得让人心悸。

潘杰的视觉语言是综合素质的体现。就时尚摄影而言,技术性问题是摄影师常识的积累,器材的优劣可以通过金钱铺就,而独特的审美视角,却是摄影师驾驭技巧及设备后综合素质的体现。面对服装设计师,摄影师要贯彻其设计概念,当作品以 Catalog 的形式出现时,摄影师完成了二度创作,是设计师理念的演绎。(图4-24)

因此,摄影师视觉传达语言与设计师概念之间的理性融合,是考验摄影师综合素质的试金石,潘杰善于把握设计的灵魂,赋予摄影作品以生命,在前卫与经典之间总能寻觅一种精致优雅的品味,逐渐形成了自己的摄影风格。

俄罗斯画坛巨匠列宾有句名言:灵感是对艰苦劳动的奖赏。潘杰的成功,是自我生活状态和人生经历的积淀,或许摄影师自己的独白更能折射自身的思维轨迹。服装摄影创作,不仅以完美的画面用感性形象展示时装品质,还是摄影师自身对美的深刻感悟,突破画面的固有空间以意味深长的视觉语言打动人,诱导其感情倾向,完成品牌视觉传达与认识的心路历程。

图 4-24
潘杰摄影作品

　　我期待着一个永不满足的潘杰以新的业绩走进 21 世纪。

　　　　　　　　　　　　——选自《中国服饰报》1999 年 12 月 3 日

三、服装评论方法的具体运用

　　根据服装的特征及评论方法的特点，我们可以将服装评论方法分为阐释法、点评法及鉴赏法三种方法。

(一)阐释法

　　"阐释法首先为中国古代文学批评家所看中，认为是对文学作品进行本体评论的必要途径和基本方式。几乎所有的流传至今的中国古代文学作品都必须经过这种注疏阐释的方法而获得保存。"①其方法可以帮助阅读者提供极大方便，使他们能够很快地把握作品或文章的内涵。此类方法被广泛运用于现代服装评论中，它类似于述评法，在这里的"述"实际上就是描述事件或问题，"评"实际上就是对事件或问题的评论。当然，这与传统的阐释法用于古代文学作品评论一样，都免不了融进评论者的个人的理解与认识，带有一定的主观性。这实际上对于当今的服装评论来说是求之不得的，这也正是服装评论的使命。如有些服装评论家在进行评论时，即便评论对象是其关系甚佳的好友，也会客观地以犀利的笔锋和尖锐的披陈毫不留情地揭露和点评，这在当前充满喧嚣与浮华的中国服装评论界里是难能可贵的。

附文　　　　　**我看张肇达之随想**
　　　　　　　　　　李超德

　　插花容易，裁剌难，好话易说，丑话难挡。美术界有一位教授，名叫陈传席，此人才思如涌，狂傲不羁。前几年他写了一篇评论刘海粟的文章，对海老一生的功过得失作了过程性评价，不想开罪了海老的徒子徒孙，遭到前所未有的围剿。其实陈教授也没有说什么过激言论，只不过还了海老本来面目，给予人所共知的大师一个公正、客观的评价罢了。由此，我联想到服饰时尚界这几年来的喧嚣与浮华，雾里看花的背后，很少有人用理性的目光对名师作一个思辨性的总结。偶有调侃式的文章，也是隔靴搔痒、昙花一现。据说即便如此，一石也能激起千层浪，文章作者为此名声大噪，这不可谓

---

①张利群.文学批评原理[M].桂林:广西师范大学出版社,2005.

不是时尚评论和理论界的莫大悲哀。

张肇达可说是中国时尚界的巨子，所处地位也是在巅峰之上，年轻设计师和青年学子对他的认识近乎崇拜。他的成功为那些仍然在黑暗与彷徨中摸索的年轻设计师树立了自我奋斗和不断进取的榜样。张肇达在时尚界的地位，反证了中国服装设计事业近二十年的蓬勃发展。客观地讲，张肇达公诸于众的简历表明，他是一位地地道道没有大学背景的自我成才青年。我觉得正是他的这种经历，铸就了他的神秘与不可思议。在文凭当道的今天，重形式而轻内容，重文凭而轻实践，在许多领域成为无可救药的顽疾。一名服装设计师能够驾驭市场、彰显设计才情，自然就是好的设计师，这和毕业于某所名校，是否是硕士或博士毫无关系。文凭虽能反映一个人接受教育的程度，但文凭不是目的，并不能与实际能力和水平划上等号。我曾记得一位老教育家和我说过："文凭不重要，鲁迅不也是'野鸡'（不正规大学的俗称）大学出来的吗？但毫不影响他作为文化旗手的地位。"其实凡此种种的事例举不胜举，而钱穆根本就没有上过大学，完全靠自学成为了国学大师。当然，张肇达无法和鲁迅、钱穆同等而语，但是张肇达的成长经历再一次地表明，成功之路是由自己掌握的。(图4-25)

张肇达是有才华的。他出众才华的显露首先要放到近二十年中国服装设计事业的发展中去考察。如果偏离了这样一条轨迹，不可能有严肃的评价，从而走入迷惘的歧途。当二十年前，从学院派染织美术专业中半路出家改行为服装设计师的人热衷于绘制时装效果图"画时装"的时候，张肇达已经在商业文化高度发达的广东，用一针一线缝制着作为真正的服装师的理想衣裳。他作为一名学徒为国外品牌加工过程中对服装工艺的一丝不苟，以及作为地域性服装加工特色的串珠片手工艺，都为他日后熟练掌握高级女装制作工艺并运用这些工艺奠定了基础。多所大学聘请张肇达担任客座教授，除了他在服装界的名人效应，多数是对他重于实践和踏实精神的肯定，同时也是在大学校园中重树对手工艺的尊重。

张肇达是有才华的。如果仅仅把他说成是特殊时代造就其成才有失公允。1997年杉杉集团掀起的那场聘请名师风暴，客观上为他迅速在全国范围内成名提供了一个有利平台。这里面的关键人物郑永刚、王仁定首先是始作俑者，王新元、张肇达既是这场风暴的主要参与者，又是最大的个人得益者。在当时的商业操作宣传中有一句"北有王新元，南有张肇达"的"北王南张"之说，采取了排他

25 | 26

图 4-25
设计师张肇达。

图 4-26
2006"马克·张"张肇达专场发布会。

性的定位,造成强烈的宣传效果。实质上除了服装圈少数人知道王新元与张肇达之外, 平民百姓和大专院校的老师与学生没有多少人知道他们的尊姓大名。那场"不是我是风"的大型全国巡演,途经十五个大城市,耗资二千多万元,盛况空前,开创了中国服装设计史上的先河,是否有来者,尚不可知。但是如果没有杉杉集团当时的这一商业举措,不可能有今天名师、名模的地位。当然,有了平台, 创造辉煌却要靠自身的才华。从留存的电视片看,"不是我是风"以及另一场极具规模的演出"走进东方",无论从音乐、服装编排、模特到制作都堪称具有里程碑意义,名师工程和品牌工程商业操作被推到了极致。王新元、张肇达自然也将自身对时尚艺术的理解发挥得淋漓尽致。(图 4-26)

　　张肇达是有才华的。他的才华外表看有些大智若愚,但凭我的观察与了解,决不是如有些媒体宣传的那样不近情理与神道道的。张肇达的才华既有其洒脱的一面,更有他高人一筹的一面。张肇达有一次途经我院作客,曾即兴挥笔画过一幅焦墨山水,虽说这幅山水不如张汀先生的焦墨山水那么有功力,却也显出几分才情。宿墨和枯笔画就的山水,严谨而又缜密。这和他的个性是相符的。在当今服装设计界能有张肇达这样思考大问题的人不多,互为对手的人,也是屈指可数。从 1997 年至今的每一个时装周,几乎每年都有大型时装表演推出,用他的话说:"将绘画、电影、音乐等艺术形式与服装元素进行解构设计,借鉴现代西方的服装表达技巧,结合中国服装的灵魂,缔造国际化的中国高级时装"是他的理想。他既是这么想的,也是这么做的。

张肇达作为服装设计在现阶段的领军人物的地位是毋庸置疑的。然而,在耀眼的光环背后,他所承载的荣誉已经给他带来负面影响。人们过多的期望和期盼,几乎剥离了他的设计才情,耗尽了他的物质支撑。但是这是明眼人都能看出来的。我几乎看过他在国内的所有大型演出。如果说他和王新元合作打造的"不是我是风"是时装盛宴的话,以后的演出只不过是盛宴过后的特色茶点。(图4-27)2002年天桥剧场的那场发布会似乎有了点盛宴的味道,但是表演制作和音乐制作的粗糙,削弱了服装原本的感染力。张肇达致力于追寻民族文化的根源,演绎具有中国意味的流行时尚,出发点不可谓不好,设计的作品也大多算上乘之作,但也决不是如媒体所说:"通过独特深刻的天才创造介绍到世界缤纷的舞台,做出了迄今为止最好的、最富有意义的尝试。"以这次(2003年时装周)的"紫禁城"为例。除了T台背景的大红宫门和最后出场的九套红色系列服饰与所谓"紫禁城"有些关联外,其他服装无论从色彩、样式到意蕴都与紫禁城的概念相差甚远。(图4-28)实则上更像是用许多民族元素拼凑而成的复调音乐中的不和谐合声。为此我做过长时间的思考:张肇达近三年来以民族和东方元素作为他设计作品的母题,深刻反映了他在弘扬本民族服饰文化与精神上的探索,但远没有达到应有的境界与成功。这些以"艺术"名义展示出来的作品,还不如以手工艺缝制而成的作品更能体现张肇达的特长。因为,原本以民族文化命名的这些设计作品,张肇达由于自身学养的不足,不足以驾驭民族艺术精神的归纳与提炼。这似乎又与他没有能接受正规的大学系统教育有着密不可分的联系。原先对他的褒扬,在这里又成了他的弱点。

张肇达作为有才华的设计师,获得了应得的荣誉。然而,任何

27 | 28

图4-27
1997年王新元、张肇达高级时装发布会。

图4-28
张肇达2003年"紫禁城"系列服装之一。

人都逃脱不了时代的跌宕。张肇达走向成功之巅,有时代的基石,也有个人的努力。台湾室内设计师登琨艳曾对我说:我四十岁的时候选择了流浪,五十岁的时候我又选择了做事情。这句话对我印象很深。因为才思枯竭与身心疲惫而选择静默与养晦,十年修身而复出,自然身手不凡。当然这种流浪是由经济基础为依托的,脱离物质的享有,静默与养晦自然无法练成正果。绘画界的诸多大师都有沉寂和落寞,设计界的大师也有辉煌与失意。密斯·凡·德罗创造的现代主义建筑样板,被今天的人们贬斥为都市污染。科布西埃在纳粹那里获得的尊重,对现代都市新尺度设计而言不值一文。皮尔·卡丹与伊夫·圣·洛朗的现代设计更是成为了后现代设计师的笑柄。任何名师都有其历史的贡献,也有他现实的不足,张肇达也不例外。我这样说决无恶意,对我而言,作为研究者和教师,任何名师和历史事件,我们都有责任给予他(它)严肃的评价和定位,这些毫不影响张肇达的功绩与地位,相反这才是更为真实和可信的张肇达。凭着张肇达的才智和气度,我想他也不会介意。(图4-29、图4-30)

张道一先生曾经说过,人人要穿服装,说说与服装有关的事不完全是专家的责任(大意)。更何况人生来就是要说话的,因此说说也无妨。我曾在某著名婚纱晚礼服加工城市说过,你们不可能成为国际婚纱晚礼服的时尚都市,成为加工基地差不多,因为他们某位市领导这么说了。我又曾在某著名城市和市长说过,既然你们要打造时尚都市,能否让市领导们首先时尚起来,并首先把手机从腰间拿下来。因为,社会分工我是说,所以说说也无妨。

——选自《服装时报》2004年1月2日

图 4-29
张肇达 2005 年"江南"系列时装之一

图 4-30
张肇达 2008 年"黄河"系列服装之一

(二)点评法

所谓点评法,既是一种评论形式,又是一种评论方法。这种方法在中国古代文学评论形式中有小说点评这种形式,采用的就是点评方法。此类方法被广泛用于服装评论中,具体来讲,点评法是对服装的某一层次、某一方面、某一点进行评价的方法,往往不做到面面俱到。一般说来,它就服装相关的某一方面进行评析,揭示服装的含义和意义,提示评论者所表达的效果,从而达到评论与评价服装的目的。这种评论方法具有一定的艺术性和审美性,使语言与文体形式都变得轻松、活泼、生动、形象,具有较强的艺术感染力和可读性。但是点评法也是采取分割式将服装分解割裂开来进行评论,缺乏整体系统的评论。服装评论中的点评法往往体现在服装发布会展览类和指导类两个方面。

附文　　　　**西装的不合人性**

林语堂

虽然西装已经风行于土耳其、埃及、印度、日本和中国,虽然西装已经成为全世界外交界的普遍服装,但我仍依恋着中国衣服。常有许多好友问我为什么不改穿西装?他们问到这句话,尚能算是我的知己吗?这等于问我为什么用两足直立。凑巧这两件事正是有相互关系的。下文可以说明我所穿的是世上最合人性的衣服,更何必举出什么理由来?见喜欢在家中穿着土著式长袍,或穿着浴衣拖鞋在外面走来走去的人,何需举出为什么不裹扎于窒息的硬领、马甲、腰带、臂箍、吊袜带中的理由。西装的尊严,其基础也未必较稳固于大战舰和柴油引擎的尊严,并不能在审美的、道德的、卫生的或经济的立场上给予辩护。它所占的高位,完全不过是出于政治的理由。

我所取的态度是矫情的吗?或这是我中国哲学已有进步的象征吗?我以为都不然。我取这个态度,富于思想的同辈中国人都和我同感。中国的绅士都穿中国衣服。此外如名成利就的中国高士、思想家、银行家,有许多从来没有穿过西装,有许多则于政治、金融或社会上获得成就,立刻改穿中装。他们会立刻回头,因为他们已经知道自己的地位稳固无虞,无需再穿上一身西装,以掩饰他们的浅薄英文智识,或他们的低微本能。上海的绑匪决不会去绑一个穿西装的人,因为他们明知这种人是不值一绑的。你可知道中国现在穿西装者是怎样一些人吗?大学生、赚百元一月薪俸的小职员、到处去钻头觅缝的政治家、党部青年、暴发户、愚人、智力薄弱的人。最后,当然还有那亨利溥仪,俗极无比的题上一个外国名字,穿上一身西装,还要加上一副黑眼镜。单是这身装束,已足使他丧失一切复登大宝的机会。即使日本天皇拿出全部兵力来帮助他,也不会中用。因为你或许可以用种种的谎话去欺骗中国人,但你决无法使他们相信一个穿西装戴黑镜的家伙是他们的皇帝。溥仪一日穿着西装,一日用亨利为名,则一日不能安坐皇位,而只合优游于利物浦的船坞中罢了。

中装和西装在哲学上不同之点就是,后者意在显出人体的线形,而前者则意在遮隐之。(图4-31)但人体在基本上极像猢狲的身体,所以普通应该是越少显露越好。试想甘地只围着一条腰裙时是

图 4-31
身着中装的林语堂

个什么样子？西装之为物，只有不识美丑者方会说它好。其实呢，"完美的体形世上很少"这句话，也是迂腐之谈。你只要到纽约游戏场去一趟，便能看到人的体形是如何的美丽。但美点的显露，并不是像穿了西装使人一望而知其腰围是三十二寸或三十八寸的说法。一个人何必一定要被人一望而知他的腰围是三十二寸呢？如若是一个颇为肥胖的人，他何必一定须被人知道他腰围的大小，而不能单单自己明白呢？

因此，我也相信年在二十到四十之间，身材苗条的女人，和一身体线形没有被现代不文明生活所毁损的儿童，确是穿西装较为好看。但是叫所有男女不分好丑，都把身体线形显露于别人的眼前，则又是另一句话了。女人穿了西式晚礼服的优雅好看，实不是东方的成衣匠能所梦想到的。但一个四十多岁的肥胖妇人，穿了露出背脊的礼服，出现于戏剧中，则其刺目也是西方所特有的景象。对于这样的妇人，中国衣服实较为优容，也和死亡一般大小美丑一律归于平等。

所以，中国衣服是更为平等的。以上都是关于审美方面的讨论。以下可以谈谈卫生和常识方面的理由：凡是头脑清楚的人，大概都不会矫说硬领——首相列区流和许尔脱劳莱爵士时代的遗物——是一种助于健康的东西。即在西方，也有许多富于思想的人屡次表示他们的反对。西方女人的衣服已在这一点上有得到了许多以前所不许享受的舒适。但是男人的颈项，则依旧被所有受过教育的人们当做丑恶猥亵、不可见人的部分，而认为须遮隐起来，正和腰围大小之应尽量显露成一个反比例。这件可恶的服饰，使人在夏天不能适当的透气，在冬天不能适当的御寒，并一年到头使人不能做适当的思想。

——《生活的艺术》，林语堂著，越裔汉译，陕西师范大学出版社，2006，第264～268页

(三)鉴赏法

鉴赏法主要是从欣赏者角度的情感体验和欣赏感受体会中去进行评论，含有浓厚的感性和情感色彩和个人的兴趣、爱好的偏向，具有某种主观化倾向，体现出评论的价值关系和情感取向。在这里欣赏者包括专业的评论者及业余的评论者两类群体。鉴赏法在服装评论中往往体现在随笔类及品评类两个方面。

附文　　　**现代简约风格的呼唤**
——陈逸飞时装发布会赏析

李超德

　　通常,人们所认识的陈逸飞是一位画家、电影人。《浔阳遗韵》余音未了,《海上旧梦》还在眼前,欣赏者仍为艺术家渲染的怀旧感伤气氛而感动不已之时,陈逸飞先生在"99上海国际服装文化节"上推出的一场时装秀,促使我对他的艺术才情又有了新的认识。(图4-32)

　　作为一种创意,这场秀不是在设施豪华的五星级酒店,而选择于顶面杂乱而又裸露着钢结构的电影厂摄影棚。5月15日的上海电影制片厂,迎来了中国电影人一个特殊的日子。陈逸飞能称得上国内第一位在电影厂的影棚做秀的时装人,硕大的影棚在陈先生及其合作者的设计概念中,变成了充满现代感的时装展示大厅。高大的视觉空间和精确的比例尺度;白色毛玻璃铺就的回字型展示台,选择了平坦低台型样式;两侧墙面银灰色无纺布拉成的装饰带;白色高调的环境中配以精心设计的银灰色座椅,使展示大厅越加显得视野广阔而又简约。也许,正是得益于艺术家对美和时尚独到而深刻的感悟,陈逸飞的这场时装秀,展示了分属于不同消费群,但又同是陈先生旗下的"Layefe"、"LEYEFE"和"3三"三个品牌,给人以优美的艺术享受。

　　由陈先生担当总设计,一批年轻设计师具体设计的整场展示是在播放陈先生的新片《逃亡上海》的片断声中开始的。没有太多的音乐旋律,风声、节掌、铃声、打击乐似乎成了背景音乐的主调,与服装的简洁风格浑然一体。除了射向底板的幻灯外,绝少刺眼的光束闪耀。特别是"LEYEFE"男装品牌演示,采用了平台倒逆光手法,毛玻璃下通体透亮,使表演处在一种令人心悸的无穷意味之中。从服装的款式看,无论是介于休闲和职业化风格之间的女装"Layefe",还是优雅而颇具时尚感的职业男装"LEYEFE",乃至专为都市中具有特立独行穿着风格的女孩而创设的"3三",都秉承了陈先生一贯的艺术浪漫气息,摒弃了旧式裁缝的匠气和现今服装界那种代伪绅士的矫饰造作。从面料的选择上说,多采用注重质感肌理的天然棉毛纤维混合织物和注重品质悬垂的欧洲羊毛纤维,透析出一种回归大自然,以人为本的时尚信息。从含灰色彩的把握，到采用镂空、提花甚至运用泛着珍珠般暗雅光泽的超细纤维，都营造出一种舒适而又温润的服饰时尚概念。欣赏陈先生的这场时装秀，与他的绘画和电影形成了强烈的对比，作为画家和电影人，陈先生擅长表现具有怀旧情绪的题材，无论是繁缛的清末女仕装束，还是潮湿而又霉味的旧宅，都反映出陈先生新古典浪漫和旧式绅士的审美趣味，成为独具品味一族的艺术偶像。然而，陈先生涉足时尚领域，却选择了不同寻常的艺术视角，把具有商业利诱的服装品牌定位，瞄准了具有前卫意识的现代都市青年男女这一消费层。由于陈先生敏锐的艺术洞察力，加之长时生活在海外，熟悉欧美时尚状态，设计了一种从经典中见精致的品牌理念，形成了具有后现代都市浪漫情怀的简约设计风格。拉夸、拉格斐、加里亚诺的某种设计理念似乎在陈先生的品牌中都能找到影子，但以我个人的观点而言，陈逸飞的时装秀更像是一次行为艺术展示，他以创作艺术作品的虔诚来对待服装。也许，在市场化的动作中，人们还无法将改革派服装与日常生活的环境相协调，但我想陈先生的服装秀，正是给消费者一种生活方式和时尚状态的导引，是陈逸飞服装品牌风格样式的宣言。随着科学技术的发展，人民生活水平的提高，人们着装审美趣味，从过去单一的服饰状态，转向更富人情味，更个性化的着装打扮。特别是具有现代意识的青年男女，正享受着信息时代的文明成果，打开电视就能领略到远在欧洲的最新流行时尚。陈逸飞服装品牌定位，正是满足了这部分消费群体的审美愿望，显得"现代、时尚、简约"。（图4-33）

　　在上海西南角的奥林匹克俱乐部，陈逸飞以一种谦逊的语调

图4-32
陈逸飞绘画作品《浔阳遗韵》

图4-33
2001年在上海逸飞集团时装公司的展示厅里的陈逸飞

谈到了他对服装现状的理解："我认为我的三个品牌还谈不上是世界性的品牌，我只把它当作一个好的国内品牌认真地去做。我们这批人只能作第二波、第三波的过渡人物。"陈先生说这番话时显得那么平静，决没有当今一些设计师的浮躁和狂妄，多的却是一份理性和睿智。我曾对陈先生说，您从一个绘画人、电影人发展为一个时装人，您在实践自己提出的大美术观念。艺术从原始生活中独立出来，艺术又正在走向新的综合，因为艺术无处在不，艺术设计已经渗透到日常生活的每个领域。赏析陈先生的作品，从怀旧经典化的审美意识，到"现代、时尚、简约"设计风格的把握，反映出陈逸飞深厚的文化艺术底蕴和对各种艺术门类的驾驭能力。我真愿意多一些像陈逸飞先生这样的时尚人，为人们生活增添唯美的情趣。

——选自《苏州日报》1999 年 6 月 17 日

第三节　服装评论作者队伍的分类

服装评论在现代服装发展中越来越发挥着重要作用，这是不容怀疑的。不同层次、不同类型的服装评论队伍成为了当前服装评论的主体力量，为服装业的发展作出贡献。服装评论队伍作为服装评论活动的执行者，可以看作是一个整体。由于服装评论作者队伍自身的一系列主客观条件和他们居于其间的环境，诸如生活经历、学识修养、文化程度、审美趣味、艺术经验等方面的不同，他们之间必然存在着或多或少的差异。这也就形成了不同风格不同类型的服装评论作者队伍。从服装评论作者队伍的性格类型不同入手，可以分为思辨还原型、实证还原型以及直觉还原型等三种类型。[1]从服装评论队伍担当的角色身份入手，可以分为专业服装评论队伍、业余服装评论作者队伍以及学校服装评论队伍。下面就从专业型、业余型及学校型三种类型入手加以分类。

一、专业服装评论队伍

专业评论队伍，也称职业评论者，在蒂博代看来，"职业批评一般由对事物有所认识的思想诚实的人进行的。"[2]此类职业评论家

---

[1]潘凯雄,蒋原伦,贺绍俊.文学批评学[M].北京:人民文学出版社,1991.
[2]蒂博代.六说文学批评[M].赵坚,译.北京:生活·读书·新知三联书店,1989.

知识渊博、功力深厚、熟稔相关专业的历史与文化，并通晓相关专业作品的各类构成规则和标准。凌晨光在《当代文学批评学》一书中将"文学职业评论家"归纳了两个特点：其一，职业评论家往往关注历史上的杰作和成为传统的文学规则及程式惯例。这些程式和规则由于在一些已被公认的杰作中曾经运用过，因此被看作是一种有用的美学标准，它能保证评论本身的"权威性"。其二，职业评论家可以引为自豪的是他们的学识和功力，他们习惯于对千百年来的文学历史追根溯源、条分缕析，并且能够从文学的相关学科如社会学、政治学、哲学、伦理学、美学中，借鉴研究方法和理论构架，对文学对象作出条理化、系统化和科学化的批评。这类评论家的心理特质稳重、沉着，而不是急进、冒险。他们一般具有稳固的美学理想，以此来作为评判对象尺度。[1]

由于服装作为一个特殊的对象，其服装评论的专业队伍不仅具有职业评论家的共同特点，而且还有着其独特的特点，他们见解独到、分析透彻。专业服装评论作者队伍在中国往往被称之为"服装业内人士"。改革开放以来，由于服装事业的不断发展，中国出现了一批服装评论队伍，当时撰稿人主要是服装行业的专业人士。随后，服装协会人员、著名服装设计师及从事服装领域专业人士纷纷加入到服装评论队伍中来，他们从各自专业的视角，以丰富的实践知识与经验来表达他们对服装的感悟。近30年来，专业服装评论作者队伍以他们的睿智及专业视角取得并保持着服装评论领域里特定的地位。（图4-34）

二、业余服装评论队伍

业余评论作者队伍，也称读者评论者或业余评论者。业余评论者首先是一个读者，同时又是一个非同一般的读者，他有修养、有鉴赏力、有写作能力。这一类型的评论者也体现了两个方面的特点：其一，从他们选择的批评对象来看，不一定选择社会上有相当地位的、名气很大的名家作为评论对象，有时也会特别关注社会忽视的方面。其二，从这类评论者所具有的独特素质来看，他们一般都有敏锐的艺术感受力和大胆推测的艺术胆识，他们不求助于学者们日积月累的资料卡片，而以其特有的机智、敏感和迅速反应引为自豪。与其他类型评论家相比，他们更擅长于有血有肉、有声有色的体味。对于评论对象，他们一般不会引经据典地进行过多苛责，而

---

[1]凌晨光.当代文学批评学[M].济南：山东大学出版社，2001.

是充满激情，从对事件的理解和同情的角度作出自信的判断和评价。他们也特别关注对象中蕴含的新的审美艺术因素。（图4-35）

由于业余评论队伍的自身特殊性以及其人员组成的复杂性，再加上评论对象——服装的独特性，业余服装评论队伍在服装评论中发挥着越来越大的作用。业余服装评论队伍包括文人学者、服装消费者、作家、记者等不同角色的人员。

三、学校服装评论队伍

学校评论队伍，也称学者型评论者。由于他们身怀强烈的社会责任及对美好生活的追求，因此他们的评论总是会借助富于形象与哲理的语言流露出心声。这类评论队伍与专业评论队伍及业余评论队伍不同，显示出自身的特点：第一，他们看重的是能够表现出较大的艺术创造力的服装作品或服装设计师或服装相关文化产业，同时他们总是努力站在知识分子的立场上，在自己的心灵中摹仿和领会那种创造的狂喜。在这类评论队伍看来，评论同样是一种创造，是一种以服装对象为寄托，在与服装的融通与汇合之中不断再创造。第二，学校服装评论队伍所表现出的最突出一点是一种创造性的直觉，它不求助于专业服装评论式的专业选择，也不依赖于业余服装评论式的趣味选择，它追求的是创造天性的自然流露与服装的隐秘灵魂之间的契合。同时此类队伍所撰写的评论性文章以其内蕴着创造性直觉的形象化语言召唤着读者的想象力，不断地给后代研究者以启发和教益。学校服装评论队伍包括服装专业

34 | 35
   | 36

图4-34
《时尚芭莎》资深时装创意总监李晖

图4-35
知名街拍博客摄影师费志远

图4-36
左为担任中国国际时装周十年盛典主持人之一的清华美术学院院长李当岐，其曾发表评论文章多达190余篇；右为《时尚芭莎》主编苏芒（摄影 中国网 胡迪）

教师、服装理论教师及相关专业的教师,当然有些服装教师也担任社会职务。(图4-36)

附文

又见唐炜
——"大唐盛世"诠释新古典主义情怀
沙小帆

"经典联想"中国著名服装设计师作品汇展,在热烈的掌声中落下了帷幕,为"99上海国际时装文化节"写了精彩的一笔。汇集两岸三地海内外著名华人设计师的这场时装秀,在设计界具有权威性和吸引力。虽说设计师之间也存在着一定差异,但时尚媒体却倾注了极大的热情,赞美之声洒向了上海广电大厦演播厅的每一个角落:"她汇聚了中国服装设计界的精华,一定程度上反映出当今华人设计界的最高水平。"唐炜作为一名实力派设计师以"大唐盛世"的深刻寓意为主题而设计的高档礼服,力压群雄、当之无愧成了这场时装展示的压轴戏。当马艳丽等名模簇拥着长发披肩、手捧鲜花的唐炜走上T型台时,把这场秀推向了高潮,为唐炜的设计生涯又增添了一曲精彩乐章。(图4-37)

图4-37
唐炜的创意设计稿

近年来,中国的时装T型台上行云流水、花开花落,大大小小的设计师如闪现的昙花,匆匆而过。然而,唐炜一段时期以来远离媒体,坦然面对现实中的风云转换,以他的执着和理智加盟常州美加集团,成功推出了"艾斯格瑞·唐"高档女装品牌,实现了设计师作品的市场运作,为以后的发展奠定了坚实基础。(图4-38)

这次应上海服装节组委会邀请,唐炜带来了以传统经典为主基调的最新设计的礼服"大唐盛世",在古典音乐的变奏和歌剧的通俗化音响中,他又一次征服了观众。以我个人的观点而言,"大唐盛世"似乎包含了多层设计理念,从中参透出设计师深厚的文化底蕴。一方面,大唐帝国是中华文明史上极其辉煌的一页,在激烈的中西文化大碰撞、大交融中,逐渐形成了雍容华贵、开放自由的审美风尚,为古老的东方帝国吹进了时尚之风。另一方面,今天的中国站在新世纪的门坎,正经历着历史的又一次洗礼,具有国际化意识的设计观念和审美风尚,与华夏大地的文化传统相汇相融。再者,"大唐"是唐炜的昵称,从中又凸显设计师对自身艺术才能的自信和对服装事业的雄心。纵观唐炜的作品,服装造型、结构、层次乃至纹样的把握,都得益于他宽广的知识层面,形成了华美、大气、精

图4-38
唐炜的服装作品

致的艺术风格。"大唐盛世"从灿烂的唐文化中汲取了养料,抽离了某种具象的形态,着重于唐风内在精神的渲染。大量从法国、意大利进口的咖啡色、红金色面料,辅以局部的蕾丝织物,甚至有些面料上的纹样都由唐炜自己设计,意大利厂商小样生产,所有这些都营造出一种富丽华贵的艺术情调。有的服饰造型直接受到中国陶瓷艺术的启发,无论是精细的省道,还是局部的装饰纹样;无论是层次分明的拖地长裙,还是透薄的蕾丝作品都有中国传统精神的熏陶,有人说他的作品好似蓬巴杜夫人极具瓷器感的罗可可长裙。然而,唐炜想要诉说的是一种运用现代设计语言又代表着当今后现代贵族理想的新古典主义情怀,让人们在冰冷的现代高楼中,从这些"有意味的形式"中,体会一丝闲适和优雅。(图 4-39)

当唐炜手捧鲜花从围堵着的崇拜者中走出的时候,我又一次为他的成功而感怀。随着事业的发展,唐炜不满足于现有的状态,从早年就形成的服装设计国际化构想,时时萦绕着他。不久前法国 LA SEINE 公司聘他为艺术总监,国内数家大型企业也期待着与他合作,可以预见唐炜的明天将更美好。(图 4-40)

在锦沧文华酒店的大堂里,我匆匆与他告别。怀揣着机票的唐炜,又将踏上欧洲之旅,去寻觅创作的灵感。他像风一样走了,但他会像风一样回来。

——选自《中国服饰报》1999 年 6 月 14 日

图 4-39
1999 年发布会作品

图 4-40
1999 年底发布会上的唐炜

第五章 "雅韵薰风"
——服装评论者的技巧与素质

目前,国内比较著名的一些服装杂志或服装报纸,几乎都是单纯介绍某种服装设计现象或者为某服装企业和某服装设计师宣传的评论文章,服装评论失去了真正的存在的意义。同时,有相当数量的服装评论者运用理论时不能结合中国实际,往往是形而上的泛泛而谈,对服装设计现象及服装本身缺乏深入的剖析,难以给服装设计师和消费者一个满意的答案,因此没有太多的社会价值。究其原因,一方面主要是由于服装评论缺乏应有的社会地位以及缺乏足够的重视;另一方面关键在于当前中国服装评论者的技巧与综合素质不高,这也是导致中国服装评论水平不高的重要原因。

第一节 宽阔的服装审美视野

一、丰富的生活阅历

古人云:"读万卷书,行万里路"。如果"万卷书"指的是深厚的文化素养,那么"万里路"就应当指的是生活阅历。一旦涉及服装与生活的关系时,一个熟悉的命题即刻就会浮现:"生活乃服装艺术创作之源泉"。服装艺术直接或间接地反映了生活,集中表现了生活的某些功能,它能使人们重新体验生活中所蕴藏的情感意味,洞悉生活之奥秘。因此,服装评论者们常常以服装设计师与生活之间的联系为视角,探讨服装设计师的个人风格与设计风格的形成、灵感或体验所表达的方式,等等。如果说,服装设计师只是面对生活这一个客观存在的物质世界的话,那么,服装评论者则常常需要面对两个世界:一个是生活的世界,而另一个则是服装的世界。所以,当服装评论者需要对这两个世界作出自己的判断与评价时,他所选择的评论视角、所凭借的理论方法都不得不与服装评论者自身

图 5-1
Dominic Jones 设计的皮质手套指尖处装饰了金色的指甲,充满邪恶的味道,其设计总能在"变态的"美学角度和功能性中寻找微妙的平衡感

的生活构成发生密切的联系。同时,服装评论者自身所积淀的文化素养,所形成的独特心理结构和思维方式也同样与评论者自身的生活构成密不可分,从这一角度而言,生活阅历是服装评论者进行评论实践的根基。(图 5-1)

所谓生活阅历,也就是生活经验,"不是指从书本中得来的各种间接的知识经验,而是指亲自从社会生活经历中直接获得的各种生活知识和体验,它是批评家对社会生活的广泛认识、把握、理解、思考、发现,这是他直接从生活中得来的人生体验。"①作为服装评论家,其生活阅历是其个人生活经历的不断积累,这些生活体验从儿时就逐渐聚集在记忆中,沉积在无意识心理里,随着人生历程的逐步饱满与丰富,包括感受、体验过的观念、情感都可化作经验与潜能,积淀于深层的心理。

英国评论家托马斯·斯特恩斯·艾略特 (Thomas Stearns Eliot) 认为:"一个批评家应该具有高度发达的事实感。这远远不是一种平庸的和多见的才能。况且对于具有这种才能的人来说,要博得群众的承认并不是那么简单的事。事实感的形成是十分缓慢的,事实感发展到真理的高度大概就意味着文明的高度飞跃……在有实际经验的人亲自从事批评的时候,仅此一点就足以说明批评的特殊价值了;这些人和事实打交道,也能帮助我们上升到事实的高度。"②生活本身的丰富性和复杂性时常造就了服装评论者生活阅历的丰富性与复杂性,每一个服装评论者都有自己独特的经济生活、文化生活或是政治生活。因此,服装评论者个人的生活阅历的丰富与否,往往或多或少地影响其服装评论思想和观念。这种直接或间接影响的例证在当前服装评论中也是比较常见的。

"年轻的服装学子最易犯的毛病是加法太多。在许多服装大赛中,我们会十分容易地看出学生的笔触,那些细部堆砌、叠加的手法往往令服装的整体效果大大削弱。人们通常批评初出茅庐的年轻人有'学生腔',学生腔里除了有不切实际的幻想以外,常常表现在华而不实的词藻滥用。所以,每当看到那些过多细节刻画的设计作品时,我心里就会浮起语文老师说的'要做减法'的道理。"③ 服装艺术创作如同"'加法'与'减法'是小学的数学题,但要做好了可

①谢东山.艺术批评学[M].台北:艺术家出版社,2006.
②艾略特.批评的功能[M].刘保端,译.北京:生活·读书·新知三联书店,1984:177-178.
③袁仄.人穿衣与衣穿人[M].上海:中国纺织大学出版社,2000.

不易。"

　　从唯物史观出发,我们应该承认,尽管每一位服装评论者的生活阅历都是独特的、个体的,但是,他们却总会或多或少地受到所处时代和社会氛围的熏染和影响,所谓"不知有汉,无论魏晋"的超脱对任何一位服装评论者来说几乎是不太可能的。尤其是当社会或时代处于一种变革或动荡时,服装评论者的生活体验则会发生相应的改变,而这又直接或间接地影响到服装评论者在从事服装评论活动时的种种思维与观念。因此,考察服装评论者的生活阅历必须顾及整个社会、时代的大背景,否则,一些问题很难找到科学的答案。如美国纽约时尚评论家、旅美华人沈宏女士其评论专著《衣仪天下》深受广大职业女性的喜爱。该书以对外交往日益频繁的当代社会大背景,以她丰富的职业经历和深厚的专业修养为基础,为正处于飞速发展的中国的职业女性提供了一本时尚与实用相结合的、理性与激情相结合的、规则与创意相结合的"魅力"辞典。如果没有她曾任中华人民共和国的外交官及联合国国际职员、某跨国公司化妆品公司的副总裁,以及现任美国伊芙心悦集团公司的首席创意师和CEO等这一丰富生活及职业阅历,也就不会有这部具有影响力的评论专著的出现。[①] (图5-2)

　　服装评论者只有从时代和人类平凡生活的大潮里,汲取丰富营养,开拓审美视野,积淀丰富的生活经验和社会阅历,从主客体的交融中形成自己独特的个性和创造能力,饱和感情、思想、才智

图5-2
《衣仪天下》一书封面

①沈宏.衣仪天下[M].北京:中信出版社,2005.

以及巨大的热情,才有可能对服装所反映生活的深广度、真实度及认识价值、审美价值、思想价值,做出准确的分析和客观评价。因此,作为一名服装评论者,要做到正确的审美判断,掌握正确的评论标准,必须参加丰富的审美活动和艺术实践活动。只有这样,服装评论者的服装审美视野才得以拓宽。

二、深厚的文化素养

服装评论者生活阅历的构成是多方面的,在这种生活构成中,对服装评论者评论思想、评论方式方法的形成起着更直接作用的恐怕还在于服装评论者的文化构成,即文化素养。与从事其他学科研究的专业人员相比,服装评论家的文化素养有其独特性。这显然是由各个具体学科的研究对象自身的特征所决定的。如一位自然科学家,他所面对的都是一个个具体的研究领域,或数学、或物理学、或化学……这种研究对象的具体性使得自然科学需要比较精深的专业知识以及必备的相关知识,因此,作为自然科学家的文化素养,很可能只要求精于某一方面或某几个方面,而并不一定要求他的全面发展,他可能是某一方面的"天才"却未必是"全才"或"通才"。而对服装评论者来说,情况有所不同,他所面临的研究对象是服装及艺术创作活动,这至少包含了服装设计师的创造性活动及综合文化素养,因此,一个服装评论者如果仅有相应的服装专业知识,哪怕他对这种专门知识掌握得十分精深,恐怕也难以顺利地进入服装领域,把握服装内涵。在这个意义上,服装评论者文化素质的深厚就决定着服装评论者审美视野的开阔。

法国评论家让-伊夫·塔迪埃指出:"批评照亮了以前的作品,然而不能创造它们,它主导着它们,却无法产生出堪与它们媲美的新作品;它是亚历山大港的灯塔。"[1]服装评论者需要借助于细致巧妙的视角,为评论寻找一盏明亮的航标,开辟一条通畅的航径。同时,评论又需要以深厚扎实的文化知识作为前进的动力能源,因为"评论作为一种文化现象和文化活动,既需要文化知识作为评论的基础和条件以推动评论的开展和运转,又是承载文化、传承文化、发展和创新文化的载体。"[2]一名服装评论者必须具备广博的文化知识,它包括社会科学知识和自然科学知识,一方面是通过大学教育而获得系统文化知识,另一方面是通过社会文化实践和阅读各

---

①让-伊夫·塔迪埃.20世纪的文学批评[M].天津:百花文艺出版社,1998.
②张利群.文学批评原理[M].桂林:广西师范大学出版社,2005.

种社会科学著作和自然科学著作书籍获得文化知识。

服装评论者需要具备的文化知识十分广泛,与服装艺术相关的学科不少,如哲学、美学、语言学、历史学、伦理学、社会学、政治学、经济学、人类学、心理学、文化学、地理学等。服装评论者应当对这些相关学科的理论、知识、历史发展、代表人物、重要流派等有一定的了解和研究,掌握这些共时性与历时性交叉维度中展开的全人类、各民族的优秀文化知识,进而才有可能运用该学科的理论知识,解决与服装相关的问题。只有这样,服装评论者才能为服装及服装相关现象提出更合宜的诠释或判断。

服装评论者其深刻洞见与他们服装视野的广阔有直接的关系,因此,服装评论者的知识体系中还应该包括对历史上其他民族和国家的文化知识的了解,同时也应该对当代服装评论的知识属性有所了解。谢东山在《艺术批评学》一书中将艺术批评所必须具备最基本的知识归纳为六大块,即符号学、心理学、社会学、历史学、文化人类学、精神分析学。在一篇成熟的艺术批评中,评论者或许可偏重在某一知识领域的运用,但评论者的最佳论述应是综合的。"因为艺术品或艺术活动都隐含着潜在的人类经验,也因为人类的经验是多方面的,评论者需要各种不同的知识诠释那些经验。"①服装评论者也是如此。

服装评论所涵盖的知识极为广泛,几乎与人的科学相关的知识都与服装评论有关。在当代服装评论中,以形式风格诠释与评价服装显然已不够全面。如今的服装评论者已意识到这一点,即想通过服装本身来解决服装自己的问题已不大可能,任何人期望以服装本身来解释服装,将会面临着狭隘的窘迫。作为服装评论者必须掌握心理学、社会学、符号学等人文学科知识。

渊博的文化知识是服装评论者必备的素质,而具备深厚的艺术理论修养是服装评论者评论服装走向深入的前提。就服装评论者的艺术理论修养的基本内容来说,包括艺术学的基本理论,即艺术理论、艺术批评理论、艺术史、美学、设计史、设计理论等。艺术理论与设计理论是服装评论的理论基础,缺少基础理论也就不可能具有真正科学的服装评论的标准与评论方法,也就不会有真正的服装评论;而艺术史与设计史是服装评论的成果、经验及史料的汇集,缺少史的知识就不可能确定服装艺术及服装设计师在设计史

---

① 谢东山.艺术批评学[M].台北:艺术家出版社,2006.

上的地位和作用;美学是服装评论的审美经验判断基础知识,缺少美学知识就有可能导致服装评论部分或完全与审美经验事实的相离。因此,艺术学的基本理论成为成功服装评论者的必备素质,服装评论者应当掌握艺术学基本理论,并将此作为服装评论的理论基础。(图 5-3)

俗话说,外行看热闹,内行看门道。要想成为优秀的服装评论者,仅仅具备渊博的文化知识及艺术学的基本理论知识还是不够的,对于服装评论者来说,还应具备服装相关知识,即包括中外服装史、服饰文化、服装设计、服装市场、服装品牌、服装管理等服装专业知识,这对深入剖析服装内涵起到直接的作用。因此,服装评论者要避免成为服装的门外汉,就要具备相应的服装专业知识,掌握服装基础知识,熟知并驾驭一定的理论,就像能工巧匠应具备相应的知识和技能一样。知识和技能转化为评论者内在的能力,才能高屋建瓴地评判对象,并一语中的。

三、敏捷的思维特性

作为服装评论者来说,在具体的评论实践中选择什么样的方法,依据何种理论等与服装评论者的生活阅历和文化知识修养密不可分。但是,影响甚至支配着服装评论者评论个性的另一重要因素就是服装评论者的思维特性。

从思维形式来看,抽象思维无疑是服装评论者采用的一种重要形式,然而,与理论家所不同的是,理论家的抽象思维可以十分单纯,可以基本上只采用抽象思维一种形式单独进行,而服装评论者则不同,他既包含着抽象思维,也容纳有形象思维。不仅如此,除两者之外还有一种思维形式自始至终存在于服装评论中,这就是创造性思维。(图 5-4)

3 | 4

图 5-3
JESSI MODE 电影奇幻之旅 2010 秋冬新品发布会,主题为冰雪天使的图片

图 5-4
马可为 ELLE 中国版 20 周年,设计制作了名为"ELLE"的作品

抽象思维在服装评论中体现,毋庸置疑,无论在服装评论中,还是其他评论中,作为评论本身就存在抽象思维形式的运用。在思维学中,抽象思维又称为逻辑思维。它是以概念、判断、推理等形式进行的思维。思维活动作为一个动态的系统性事物,由思维主体、思维对象和思维方法三个因素组成。从逻辑思维的动态系统不难看出, 实际的逻辑思维整个活动是一个思维主体与思维对象相互作用的过程,是逻辑思维能力的实际运用过程。进一步讲,逻辑思维方法属于逻辑思维能力。换一句话讲,逻辑思维方法并不是逻辑思维内部的知识、意向和决策,而是由它们形成的思维能力的一种因素。所以逻辑思维方法在理论形态上还不是思维方法,只有转变成逻辑思维能力并在实际中运用才能算逻辑思维方法。因此在服装评论中,逻辑思维方法只有被服装评论者所熟悉、掌握作为一种运用能力,才能算作一种思维方法。在服装评论上,由于思维方法不被正确掌握或选择了错误的思维方向, 从而迷失了服装评论方向,导致在服装评论过程中失败的教训屡见不鲜。近几年来,国内一些青年前卫服装评论者寻求一种 "新异" 的评论方法及思维方式,对国内举行"裸露服装秀"进行大力宣扬,其观点远离了民族文化和超出了民众的心理文化承受能力,渐渐地被大众所唾弃,其原因之一就是他们的抽象思维形式与方法运用不科学。因此,服装评论者只有通过分析与综合、归纳与演绎、定量与定性等抽象思维方法的综合运用,才能对服装有所判断与阐述,给读者以正确的引导。

形象思维在服装评论中体现更为突出, 它已经为越来越多的服装评论者所确认,并获得丰富生动的效果。如创造艺术典型形象是服装评论者运用形象思维的结果。在服装评论中评论者对待评论对象服装,一方面在深入地探究着一般,与此同时又在精细地感受着个别,努力捕捉那些最为生动和微妙地体现了一般的个别,把它们加以集中和组合, 这就具备了在观念中再造出一个通体都活生生地体现了一般的个别的可能性。这样一种体现了一般的个别,就是富于代表性的典型形象。(图 5-5)

一般说来, 创造性思维是追求思维过程与思维成果的独创与最优化的思维,它具有自主性、跨越性和统摄性等基本特征,而这正是一个优秀的服装评论者所应该具备的基本品格。如统摄性的特点就要求把大量的服装现象及观察材料综合起来考察, 作出新的概括,形成新的概念和系统。

图 5-5
"玫瑰坊"郭培 2010 "一千零二夜"高级时装发布会

当然,从思维规律角度看,抽象思维、形象思维与创造性思维是无法一一分开的,它总是以各种各样的组合体现在服装评论者的具体评论实践之中。但寻求一种最优化的思维和组合是每一位优秀服装评论者追求的目标。

附文　　　　　**再说"大设计"**

李超德

近来很少写评论文章,一是工作繁忙加之生活和学术研究的压力大;二是服装圈的浮浅名利角逐使我懒得去关心。前几日,辛可兄借贵报设计周刊发表了"小谈'大设计'"一文。该文与我的一贯论点有不同之处,引发争论,因此,有兴趣再别啰嗦几句。

辛可兄是我的朋友,也是我敬佩的少数几位敢于说真话的服装界的角斗士。然而,当展读辛可兄"小谈'大设计'"一文后,既为辛可兄的执著精神而感动,但也认为该文中关于大设计与小设计问题的讨论值得商榷。而且对所谓"人类性和宇宙性"的论述更是感到生僻和困惑。

我不敢武断地说"大设计"概念绝对是我首先提出的,但至少我是受陈逸飞先生大美术观念影响,比较早认识到这一问题,并积极倡导的实践者之一。(图 5-6)关于"大设计"概念是我 2001 年应马欢春先生和《服饰空间》杂志之约,撰写的"用大设计的视角看服饰品牌设计"一文中明确提出来的。这篇文章刊出以后,原本没有

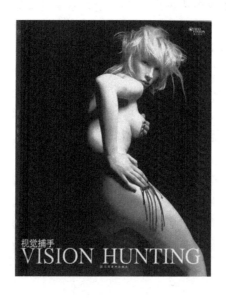

图 5-6
2004 年 7 月江苏美术出版社和陈逸飞联手打造了《逸飞视觉系列丛书》(第一套)图为其中一本《视觉捕手》

多少影响,因为那本杂志仅仅是一本没有正式刊号的会员刊物,只在行业内发放,况且这本杂志尽管办得很有专业水准,但还是最终夭折了。后来有些报纸和网站开始转载这篇文章,有些专业人士引用其观点,才逐渐引起同行的注意。

关于"设计"含义的解读和争论,每年都有人写出许多的书籍和文章。在我为研究生讲授的课程中甚至专门辟出章节和时间共同讨论,作为一个学术性很强的问题,要在《服装时报》这样一份流行报纸上说清楚是有困难的。言简意赅,关于"大设计",我想阐明以下三点:

第一,所谓"大设计"概念是一种教育模式的认定,也是一种设计思维与观念的倡导,更是一种设计文化与视角的认可。这和"狭义的设计"和"广义的设计"不是一个逻辑起点上谈论的问题。这就如我对女儿做人处世所要求的那样,女孩儿不要一惊一乍,要处世不惊、处惊不变,女孩儿要可爱、要从容、要端庄。然而怎么可爱、怎么从容、怎么端庄,却要多年的修炼。说起来很抽象,但这是看问题的立足点与气度,是观念与视角。作为服装设计人才培养的理念与如何培养人才,这就构成了问题的两个方面。如果说我们在具体操作实践中要求设计人才要有裁缝般的刻苦和泥水匠般的踏实,这是设计过程实施中的态度与精神。

第二,关于小设计的认识,这是教育手段和技术细节的讨论。服装是做出来的,房子是造出来的,这样的言语有一定的语境,要不然就会对青年学人与设计从业人员造成认识歧义与现实的迷途。"做"与"造"都是针对技法训练中忽视技术操作而言的,要不然,服装设计师与裁缝就没有区别,泥水匠与土木工程师也可以互换位置。我还是那句老话,如果说有设计师自诩是裁缝和泥水匠的话,那是对手工劳动者的尊重和踏实态度的褒扬。但如果技术操作忽视了智力与非智力因素的积累和影响,这就如只要会写中国字,人人都可以成为文学家一样。巴金先生说:"只因为我认识字,我写了我熟悉的事,我不是什么文学家。"这说明了巴金先生的谦虚与人生境界。如果说"建筑不就是那么一点儿事吗?"脱离了一定的语境,该有多少高楼大厦在蛮干中垮塌下来。要知道单就高层建筑的深基坑就要推导多少数学公式,在现代科技条件下,大型计算机要演算出多少数据,数百米高的大厦才能傲然屹立。为此,我又有了不同的认识,"建筑不就是那么一点事","服装是做出来的",实质上又不是小设计的问题,而是"大设计"的问题。因为这是一定语境

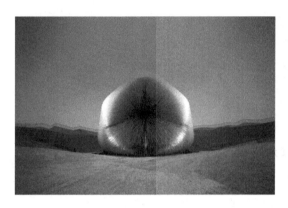

图5-7
英国世博展馆的主建筑种子圣殿

图5-8
六万只有机玻璃材质的"触须"分布在英国展馆整个建筑外墙的表面,(图片由腾迅网张以哲提供)

7 | 8

中对造房子和做服装的观念与态度问题。相反,如果在小设计问题上也这样看问题,房子必然垮掉,而服装则无法反映时代的风貌和流行。(图5-7、图5-8)

第三,前一个阶段,有文章说我国服装评论是浅薄的,没有文化的。当时听了似乎深有同感,而且气愤。然而经过思考我认为,实质是作者对理论研究的认识问题。他认为的深邃与浅薄的标准是有偏差的。理论界的厚古薄今人所共知,因此,我本人的学术成果也主要是古代。但是,古代与现代应该是理论研究的双翼,缺一不可。我们今天讨论的"大设计"属于讨论现实问题的范畴,或许它没有古代理论那么全面,但它是许多人所面临的现实困惑。研究古代是为今天提供启示与借鉴,研究当代则是为现实解决问题,它更具有现实意义和紧迫感。服装评论界出不了好文章,一是评论队伍自身要好好思考和提高业务水平;二是要组织、引导、鼓励真正的专家和有见识的作者参与评论队伍。如果说有人津津乐道什么"南唐妇女缠足布有多长"、"崔莺莺据考证是女招待"的所谓学术,那才是理论队伍的悲哀。关注当代设计理论具有现实指导意义,有些论点尽管不成熟,但至少比解读历史要有直接意义。因此,论述、论证古代固然重要,但理论的原创性却是这个时代最缺乏的。

关于"大设计"的讨论有助于服装设计人才培养,道理越辩越明。但我一直倡导任何讨论应该是绅士般的和智者般的讨论。时装评论如果缺乏了慎独精神与批判意识,就失去了思辨的光辉,而流于阿谀奉承。但是如果缺乏看问题的气度与视角,同样是南辕北辙、言东而及西,不知所以然。讨论设计可以有不同的触角,从分类、从词义、从技法、从观念、从历史等。我想我是从观念与视角,态度与精神的角度阐明了我对大设计的思考。

从辛可兄小谈"大设计"一文中看出,我和他有不同的认识,但我仍然尊重他的艺术见解，并为他大战风车式的执著精神而受启发，希望服装评论界多一点这样的学者，不至于被别人说成是浅薄的和没有文化的。

第二节　独特的评论视角

一、丰富的创造力

服装评论与服装设计都属于服装艺术活动，因而两者都是创造，只不过服装设计侧重于服装的感性创造，服装评论侧重于服装的理性创造罢了。或者说，服装设计是一种服装的原创造，服装评论则是一种服装的再创造。因此，服装评论既然也是创造，那么服装评论者就需要评论上的创造力。显然，服装的产生与发展需要创造力，服装评论的写作也需要创造力。服装设计师的创造力表现于意象的创造、形象的创造；服装评论者的创造力表现为评论意境的创造、艺术美感的发现、艺术观念和体系的构建。服装评论与艺术评论一样，实则上所谓创造力，就是独特的评论视角，由此而产生的思维创造，其创造力主要包括审美创造力、评论发现力、概念和理论建构力等三个方面。[1]

首先是审美创造力，指服装评论者把服装的形象、时代背景和自己的深刻感受有机融合为新形象的能力。实际上也就是服装评论者在感受和领悟服装的意蕴内涵，把握服装意义基础上，用一种语言符号的形式表达出来的行为。评论者与一般读者的不同之处在于，普通读者的阅读欣赏行为是在内心中感受对象和显现服装意义的行为，他不必将此内心活动及其结果再次通过语言符号表现出来。而评论者的角色定位要求他必须传达出他对服装的心理反应的结果。审美创造力是以评论者的独特理解为前提的，没有对服装意义的感知和认识，审美创造力即失去了存在的依据。服装评论者对服装对象的把握主要是一种直觉的把握，直觉把握的结果之一是在评论主体心目中形成服装对象的整体形象。这也体现了服装评论者追求意境的创造力，这种创造意境的能力就是审美创造力。审美创造力主要包括评论形象创造力、评论意境的创造力及

---

①谢东山.艺术批评学[M].台北：艺术家出版社，2006.

图 5-9
《ESQUIRE》西班牙版 2009
年 12 月刊，摄影师 Sergi
Pons、男模 Josh Beech

评论风格的创造力。(图 5-9)

其次是评论发现力，是指服装评论者以自己对服装独特的理解、体验，以及对服装设计师或服装管理者没有明确意识到的，读者尚未深入领会到的，且隐藏在服装内部的意义的开发、诠释能力。英国现代著名艺术理论家和评论家麦瑟·阿诺德认为："体验创造感——这是最大的幸福和人活着的最大的证据。评论家也享有这种感觉。"①

实际上，服装评论者的批论发现力，体现在他对服装审美体验过程中的对服装的审美体验能力。体验在审美心理研究中被视为审美地、艺术地掌握世界的一种心理能力，具体说，服装评论者通过自己的全部感官与外界事物相互交流，在物我融通中真切而内在地体味生命的意义，并通过与他人生命相交汇的瞬间，去感悟生活本质的一种精神活动。在这里需指出的是，服装评论者的体验不同于一般所说的经验，经验往往是"甘苦自知"式的浅尝辄止的心理活动，它并不关注甘之所以甘、苦之所以苦的因由，而体验则是对他的过去经验的再度咀嚼，也就是说，服装评论者的评论活动除完成一般读者的阅读经验活动之外，还要对评论对象服装进行诠释及体验，发现其服装背后的意义。在这里，服装评论者的情感体验及多元体验成了他独特评论发现力的前提。其中，由于服装评论者情感体验的丰富，使他具有强大的内省能力，总能"把自己置于作者的地位上，置于研究对象的观点上，用作品的精神来阅读作品"。②同时，由于服装评论者的情感体验的多元，使他用一种开放的心境去容纳吸收多种有益的艺术经验，从中体味深挚醇厚的服装审美情感。因此，服装评论者多元而丰富的审美体验能力，促使他能够深刻理解服装不同层面的内涵。而且，这种对服装体验的多元且丰富性使服装评论者可以从多种不同体验的比较中建立更加宽容、更加厚重的评论观点。"批评家应当既评判内容，也评判形式；他应当既是美学家，又是思想家；简单说来……因此，只有极为发达的思想能力同极为发达的审美感觉结合在一起的人，才可以作艺术作品的优秀批评家。"③

因此，有的时候，作为一名服装设计师来说也许没有意识到他

---

①阿诺德.论今日评论的作用[M].汪培基，译.英国作家论文学.北京：生活·读书·新知三联书店，1985：231.

②蒂博代.六说文学批评[M].赵坚，译.北京：生活·读书·新知三联书店，1989.

③普列汉诺夫.普列汉诺夫美学论文集[M].曹葆华，译.北京：人民文学出版社，1983.

自己在表现什么或说明什么，反而是服装评论者能够敏锐地察觉到服装设计师创作的意义。此时,服装设计师往往从服装评论者的评论中得到了启示，发现他在创作中的表现意图。正如契诃夫所说:"没有好的批评家，许多有益于文明的东西和许多优美的艺术品就埋没了。"

其三是概念和理论建构力，是指服装评论者的概念的创造力和理论的构建力。"对读者稍微表演一下理论武器的使用，似乎是必要的。"[①]也就是说,服装评论者要能够通过服装基本概念、服装理论对丰富复杂的服装艺术现象和内心世界感受作理智而清晰的描述、细密周到而令人信服的解析，或者把服装创造的信息以理论形态传播就得借助概念,借助范畴,借助于服装理论框架。因此,服装评论者预设的问题和解决问题的理论框架,是他学养、经验和理论水平的综合体现,它决定着评论切入角度的独特性,决定着提出问题和解决问题的基本思路。

对于服装评论的独创性，服装评论者往往用凭借自己敏锐的艺术感觉力进行评论，并将此种感觉力进行归纳、演绎、概括、创造出一些新的概念范畴，进而形成对服装评论理论体系的建构。可见,一种新颖的、有生命力的服装评论绝不是拾人牙慧，而是服装评论者依靠自己的审美视野及独特的审美判断力,把自己的直觉、感受到的东西条理化、概念化和理论化。这就是要求服装评论者具备一定的服装概念和理念建构的能力。当然,作为服装评论者仅有概念和理论建构的能力还是不够的,还必须注入新的活力,发挥其更大的作用。正如法国批评家蒂博代所认为:"一个伟大的批评家和一个平庸的批评家之间的区别在于，前者能够给这些重要的概念以生命,能够用呼吸托起它们,并时而通过雄辩,时而通过风格,给它们注入一种活力,而对后者来说,这些概念始终是没有生气的技术概念,总之,不过是概念而已。"[②]

二、敏锐的感知力

服装评论活动从服装评论者对服装感知开始，以感知作为基础进行服装评论活动。服装艺术与科学不完全相同,服装评论者的主要任务不在于求真追理,因此,服装评论者首先应具备感知心理要素,对服装具有敏锐的诗意感觉,并且不断提升和完善自身的感

①沃而夫冈·凯塞尔.语言的艺术作品[M].陈铨,译.上海:上海译文出版社,1984.
②蒂博代.六说文学批评[M].赵坚,译.北京:生活·读书·新知三联书店,1989.

知力。其实,作为评论的实践者来说,他们的感知较为敏锐,他们常常以细微的辨别力来把握服装,这也是他们长期的职业性习惯养成了他们的直观敏锐性。所谓从一粒大米看大千世界,从一滴水以观沧海,这里尽管有评论意向的强化,也绝对有感知上的细察。

休谟在《论趣味的标准》中,曾经引用的《堂·吉诃德》中的一个幽默故事,可以当作感知敏锐的一个极端的例子。说的是有一个人自称精于品酒,声称,这是他们家族世代相传的本领,"有一次我的两个亲戚被人叫去品尝一桶酒,据说是很好的上等酒,年代既久,又是名牌。头一个尝了以后,咂了咂嘴,经过一番仔细考虑说:酒倒是不错,可惜他尝出里面有那么一点皮子味。第二个同样表演了一番,也说是好酒,但他可以很容易地辨出一股铁味,这是美中不足。你决想象不到他俩的话受到别人多大的挖苦。可是最后笑的是谁呢?等到把酒倒干了之后桶底果然有一把旧钥匙,上面拴着一根皮条。"[1]从以上例子不难发现,这种近乎传奇般的本领在服装评论者身上也常能见到,他们能直逼服装对象,从中辨出各种细微现象,及其本质内涵。可见深邃的洞察力和良好的直觉能力依赖于服装评论者敏锐的感知力。

正如前面所述,评论在一定程度上也是一种审美活动,当然也属于审美理性活动,因此服装评论者的敏锐感知力通常也称为艺术感受力或审美感受力,也称审美鉴赏力。服装评论者要进行服装评论活动,就必须具备审美感知条件,并在评论活动中表现出敏锐的审美感知力,同时在评论实践中不断提升和建构审美感知力,从而丰富自己的艺术形象想象力。作为服装评论者的艺术形象想象力则不仅是服装形象的再现,而且重要的是进行补充、丰富和发展,从而创造出新的艺术形象。在这里主要强调的是服装评论者的意象感,这也是作为服装评论者必须具备的基本能力。

意象感是服装评论者的美感表现形式之一。服装评论者通过艺术语言感知意象,即将服装语象转化为意象,在感知过程中欣赏服装意象的同时再创造服装新意象。服装评论者在观赏一场服装秀时,他能够从细心欣赏中获得的,最终既不是形式也非内容,而是超越这两者的"服装意象"。(图5-10、图5-11)他所获得的服装意象感就不简单是一个个独立的意象,而是一个相互联系、相互作用的意象,从意象看到意象群,看到意象间的关系,看到意象间的"互

图 5-10
McQueen2010 春夏的时尚创意:美人与蛇,由 Nick Knight 拍摄

图 5-11
Alexander McQueen 临终前的最后一个设计系列:2010 / 2011 秋冬女装系列发布

①潘凯雄,蒋原伦,贺绍俊.文学批评学[M].北京:人民文学出版社,1991.

文性"、"互解性",从意象进入作品的主题、题材、作者构思、立意、动机,把握服装的内容与内蕴,并在对服装意象的感知中获得更大的审美效果,也为其将服装意象作为评论对象奠定基础。一般情况下,服装评论者拥有比常人更丰富的创造意象世界的能力。服装评论者在阅读一本服装专著或欣赏一场服装设计师的服装秀时,作品中的服装艺术形象成为欣赏者进行审美再创造活动的客观依据。在鉴赏中,作为一个鉴赏者,服装评论者并不是消极与被动地反应和接受,而是积极主动地进行审美创造活动,其实也就是服装评论者所创造的"意象世界"。

那么,作为服装评论者如何来提高他的审美感知力呢?尽管审美感知力是一种直觉思维,它与人的天赋有关,但是审美感知力的形成主要是由后天的培养,是人在不断地实践中形成的,需要通过对艺术理论的学习和艺术评论实践来提高和培养。服装评论者审美感知力的培养大致上有两个途径:其一,不断地加强审美判断训练。在服装领域里通过一次次地反复训练,多次地进行审美实践,反复不断训练自己的审美经验,从而使他的艺术感知力更加敏锐,审美经验更加丰富,审美判断力更加精确。其二,选择合宜的服装审美对象。"欣赏对象对培养欣赏主题具有决定性的作用。欣赏什么样的艺术就会创造出、培养出什么样的欣赏主题。欣赏高水平的艺术品,就会创造高水平的观众,反之亦然。"[1]作为服装审美对象也是如此,优秀的服装设计作品其内容与形式的融合通常比平凡的服装作品较为完美,这对提高服装评论者的审美能力,包括感知力和判断力有着重要作用。当然,作为一个优秀的服装评论者,他也应该阅读一些相对平庸的服装作品。只有这样,才能培养他的判断能力。他可以从平庸的作品与优秀的作品比较中,找出艺术规律和服装评论标准。

另外,审美判断力是服装评论者敏锐感知力的体现。服装所要表达的思想与情感,统一蕴含于服装形象,要把握服装艺术形象的内涵并作出评价,这就需要服装评论者敏锐的感知力。(图 5-12 至图 5-14)服装评论作为一种审美感知活动,同时也是一种审美判断活动,而审美判断力是进行服装评论实践的根本条件。缺少这种判断力就不能胜任服装评论,只能停留在服装鉴赏阶段,不能成为服装评论者。服装评论者必须要首先具备这种审美判断力。一个服装

---

①谢东山.艺术批评学[M].台北:艺术家出版社,2006.

评论者的审美判断力主要表现在美感价值、认识价值、思想价值的评价判断能力上。其一，美感价值判断力，也就是判断服装艺术价值的高低的能力。其二，认识价值判断力，也就是判断服装对社会作用的大小的能力。其实，服装作为社会生活反映的具体表现物，无不具有一定的认识价值。其三，思想价值判断力，也就是服装的思想教育作用的大小的能力。

当然，作为服装评论者具有过分敏锐的感知力也会影响他的审美判断力，这也是评论心理研究中一个颇为重要的问题，即某一种心理能力过分发达，会妨碍和影响另一种心理能力的发展。如有些服装评论者在他们的作品中表现出来的识见和敏锐的感知力是无可挑剔的，但是他们只能停留在某一水准上而不太有希望提高。其原因不仅仅在于这类评论者缺乏理论指导，主要的是他们往往沉湎于知觉印象，津津乐道于此而不能超拔出来，忽视他们的其他思维能力，如简化和抽象能力。因此，作为一个优秀的服装评论者，不仅应具备敏锐的感知力、较强的审美判断力，同时也要使自身的各种心理功能全面提高，反之过分突出某种能力而缺乏其他方面的配合，都不能使服装评论上升到新的一个境界。

12	
13	14

图 5-12
巴黎大皇宫内构搭的农场草堆作为 CHANEL2010 春夏秀场

图 5-13
Coca-Cola 邀请时尚大帝 Karl Lagerfeld 设 计 Coca-Cola Light Bottlle 可乐瓶限量版

图 5-14
香奈儿发布上海世博会特别版配饰：身着中国传统服饰的娃娃与 Chanel 元素的集合

第三节 严谨的学术道德素养

一、独立的学术精神

服装评论者与其他方面评论者一样，一方面由于每个评论者具有不同背景，往往从不同的领域、政治立场、信仰中阐述各自的观点，影响着读者的思维方式；另一方面，由于服装评论在不同的媒体中也暗含了不同的意识形态、不同的信仰和政治立场及其他因素，从而提供读者不同的思考模式，最终导致服装评论朝着多元化的方向发展。当然，在服装评论发展中，总体上起着积极的作用，也不免出现一些负面影响，如部分服装评论者出于自己的爱好偏见评论服装，也有部分出于自身的经济利益对服装评论见风转舵，还有的出于权威压力对服装评论人云亦云，等等。这也就是说在服装评论中由于一定的影响丧失了独立的学术精神。

独立的学术精神，这是服装评论者实现其文化功能重要的原发性主体标志。(图5-15)学术精神是指服装评论者在其所从事的评论学术活动中，不断提高自身逐步成熟起来的一种结构相对稳定且具有开放性人格精神。它追求自我实现，反对学术依附，一旦形成，又会随着服装评论者所参与评论活动的整体自觉性的提高而提高。"评论的独立价值，评论是否退化到一种可悲的附庸地位，成为一张可有可无、或详或略的节目说明单，也仰赖于评论家本人的艺术生命的独立价值，仰赖于评论者的情智和人格的深厚力量。"[①]其实，在这里所指的"艺术生命的独立价值"，实际上就是独立的学术精神。服装评论者独立的学术精神体现在以下几个方面：

首先，要有自己的思想。尽管服装评论者作为读者与服装设计师之间的中介，它要受到现实的制约，要受到政治权力、经济利益、人事的利害等种种因素的影响，但是面对这些影响正确判断的非艺术因素，应该要有自己的思想，有自己独立且冷静的分析。正如李健吾曾经说过，批评"不是老板出钱收买的那类书评。它有自己的宇宙，有它自己深厚的人性作根据。一个真正的批评家，犹如一个真正的艺术家，需要外在的提示，甚至于离不开实际的影响。但是最后决定一切的，却不是某部杰出著作或者某种利益，而是他自

图 5-15
右为权威的时尚评论家之一考林·麦克道威尔 (Colin McDowell)

---

①贺兴安.评论：独立的艺术世界[M].武汉：长江文艺出版社，1990.

己的存在,一种完整无缺的精神作用,犹如任何创作者,由他更深的人性提炼他的精华,成为一件可以单独生存的艺术品"。①李健吾的评论是以自己的人生体验和艺术体验为出发点, 他强调评论者要达到"属于社会,然而独立"。黑格尔也说过:"人是靠思想站立的。"②一篇评论也需要自己的思想。一篇服装评论也是如此,没有足够的思想支撑,没有独立的学术人格,是难以立足的。当今时代,媒体的多样化和便捷化导致了读者获取信息的方便与可选择性,读者对待评论内容更趋于理智。这就使简单化评论难以吸引读者及评论者兴趣,而视角独特、见解独到、说理透彻、思维方式新颖、富有知识张力的言论,才会受到读者与评论者的青睐。

其次,要善于发表意见。关于发表自己真实的想法或观点是一种表达艺术,对于具有独立学术精神的服装评论者来说,也是十分重要的。在服装评论时,作为服装评论者不能因为自己思想、敢于发言,就不管外部环境,不讲究文章的表达,那样也将会收到不良效果。从米博华曾发表的《对谁说　说什么　怎么说》一文得到启发,服装评论者要真正做到善于发表意见,可以从以下两个方面来考虑。

一是要研究服装评论的读者及需求。对于读者来说,他们不是服装设计师,对服装不太熟悉,而是一般的观众。为了争取一般观众,服装评论者写作倾向是依据读者而定,并依此决定他们写作的风格。如李帕德(Luct Lippard)十分注重与观众沟通交流,企盼写成贩夫走卒都能懂的评论文章。她说:"身为一个中产阶级、受过大学教育的传道者, 我绞尽脑汁试图与蓝领阶级的妇女沟通。我曾梦想,在下东区街角当社会女性主义漫画艺术的走贩,甚至让其进入超级市场。"③当然,在这些读者中有些是富有艺术经验的,也有些仅有兴趣但不了解。因此,作为服装评论者在评论过程中应该考虑到读者的知识背景, 同时也应根据读者的程度与需求的不同作稍许调整。二是讲究服装评论的说理方式。要把正确有益的道理说得有读者愿意听,听后有所启发,这是需要服装论评者善于运用说理方式,真正做到理直而不气粗,引导而不训导,庄重而不呆板,深刻而不深奥,犀利而不尖刻,生动而不油滑,平和而不平淡,朴素而不

①赖力行.文学批评学的素质和才能[J].湖南师范大学学报社会科学学报,2000,(1): 99.

②赵振宇.现代新闻评论[M].武汉:武汉大学出版社,2005.

③谢东山.艺术批评学[M].台北:艺术家出版社,2006.

浅陋,这样才能在循循善诱中直指人心。在这里也需注意服装评论文章要生动活泼,有可读性,但不宜过分"调侃",同时服装评论文章立论要高远或见解精辟。

其三,要有价值态度。价值态度是指评论者以一定的合理的价值目标为引导,开展评论活动。而价值态度也是构成服装评论活动中评论者、文本、读者等要素之间相互有效联系的纽带。因此,当前服装评论者对评论对象进行"文化"阐释,就应当自觉地以内化于其学术独立人格的终极关怀意识为指向,以当今关于人文精神讨论的思想成果和现代创新意识为参照,将评论文本还原于生活世界,对评论对象作出某种价值评判和意义阐释。当然,服装评论质量的高低与服装评论者价值态度有着密切关联。服装评论者的知识结构和学术境界根本上都受到其价值态度的优势作用。可见,价值态度是独立学术人格构成的重要"核心"。

其四,要有自我角色定位。不同服装评论者之间并非彼此认同各自的观点,他们之间甚至相互憎恨,其评论也常常是针锋相对的。一部分服装评论者的相互评论流于人身攻击,因为他们往往出于针对的个人,而非评论者的文章。当然,有的服装评论者不同意其他评论者的观点,并加以反驳。由于大部分的服装评论者在阐述某一事情时无法说得完全,为此他们就某一事情进行评论并阐述各自的观点,正是由于他们之间的观点相互补充推动了服装评论的发展。(图5-16)评论本身能够也应该可以被评论,其观点也可以随时公开校正。也就是说,服装评论者也是评论对象,要随时转变自身的角色,原因在于一种评论观点绝对不是最后的结论。

二、高尚的道德修养

服装评论者除了生活、学识、功力之外,还必须注重加强个人的道德人格方面的修养。18世纪法国艺评家狄德罗曾经说过:"真理和美德是艺术的两个朋友。你想当艺术家吗?你想当批评家吗?那就请首先做一个有德有行的人。"歌德则指出:"近代艺术界的弊病,根源在于艺术家和批评家们缺乏高尚的人格。"[1]可见,对于服装评论者来说,高尚的道德修养,主要是应当对读者负责,对服装设计师及同行尊重的精神,尊重事业,也尊重自己的人生态度和思想及学术作用。只有具备高尚的道德修养,才能从事服装评论这个事业,其评论才具有征服人心的巨大的思想力量。

---

①李国华.文学批评学[M].保定:河北大学出版社,1999.

首先,服装评论者要热爱和忠诚于服装评论事业。服装评论者以服装评论为职业,也就以评论为事业。对服装事业的热情和追求,对服装评论事业的忠诚和真诚,构成了服装评论者的事业心和责任感。同时,服装评论者的追求和热爱还表现在对艺术、文化、服装和美的追求和热爱上,对服装评论的忠诚和职责是建立在对艺术、文化、服装和美的忠诚和职责基础上的。正如普希金曾说过的:"哪里没有对艺术的爱,哪里就没有批评家。"①服装评论与服装实践是亲密兄弟或朋友。即使服装评论针对服装的缺点和不足进行评论,也是善意的评论,是为了促进服装发展的评论。当然,在服装评论中也存在一些"恶意的评论",或许与其他因素有关,但或多或少都会牵涉到服装评论者的评论态度问题,从而也就牵涉到评论者的职业道德问题。因此,加强服装评论者的职业道德、加强服装评论者的事业心和责任感是十分必要和重要的。

其次,服装评论者要具备良好的职业道德修养。服装评论是一种艺术评价活动,评价标准及标准的运用必须是公正、公平、合理、适度。(图5-17)服装评论者选择什么标准,如何运用标准,如何确立评论的标准的价值取向及倾向性都与服装评论者的职业良心和职业道德相关。服装评论者一方面必须排除各种不利于评论的外在因素的干扰,坚持评论立场和评论原则;另一方面必须排除各种不利于评论的内在因素的干扰,如个人情感偏向、私己的名利追逐、

16│17

图5-16
NE·TIGER2010"蝶扇·缘"华服时装发布

图5-17
Baldovino Barani 时尚摄影

①普希金.论批评[J].古典文艺理论译丛,1957,(2):153-154.

自我的表现欲望等,坚持评论的公正性、公平性。因此,服装评论者应加强自身的职业道德品质修养,加强自身的人格人品修养,使评论良心和评论道德充分发挥作用,对服装评论产生积极影响。

可见,服装评论者在任何情况下都应坚持真理,修正错误,消除偏见与门户之见,这既是一种美德,也体现了服装评论者高尚的学术道德修养。正如法国小说家莫泊桑所说:"一个真正名实相符的批评家,就应该是一个无倾向、无偏爱、无私见的分析者。"

第四节 服装评论的文本与范式

服装评论由于行业特征的影响,它不可能如哲学家那样严密,又由于时间性的特征,它也无法如考据学家一样对每个事件进行逻辑梳理。但服装评论在轻松散淡的表象背后,实际也有着自身的学术要求、学术规范。服装评论也遵循着一定的写作(表达)方式、程序与技巧。对于文本结构虽没有学术论文那样的严格要求,但也不是想说什么就写什么,而杂乱无章。

一、服装评论的写作程序与技巧

(一)服装评论的写作程序

服装评论与服装设计创作一样,也有一个创作(写)的过程,要经过准备、构思与写作三个基本阶段。服装评论写作过程是一个艰苦繁杂的精神生产活动过程,是对评论对象的认识和诠释的过程,是运用服装评论的标准和方法的实践过程。

1. 准备阶段

服装评论写作的第一阶段是准备阶段,也就是确定评论对象及围绕对象搜集资料的阶段。从理论上讲,所有与服装有关的,包括服装评论本身,都是服装评论的对象。但在服装评论实践中,与服装创作一样,并不是所有的与服装有关的现象都可以作为服装创作与评论的题材,也并不是任何一个服装设计师、服装作品和服装现象都能够作为某一具体评论的对象。服装评论也有一个严格筛选对象的过程,或者说有一个评论范围的界定问题。进行服装评论写作的第一步,就是认真选择并确定评论对象。当然,与其他评论一样,在确定评论对象时应遵循以下几个原则:

首先,评论对象应当具有一定的艺术价值,即具有值得评论的方面。(图 5-18)换而言之，就是选择一些较为经典的服装作品或著名的服装设计师等作为评论对象，而这些评论对象至少应在某一方面具备相当的水平。如在服装设计创意、服装经营、服装工艺等方面有独到之处。其次，评论对象应当具有一定的代表性。如在一定程度上体现出某种创作倾向、某种设计风格、某种设计流派，即具备一定的典型性或示范效应。反之，缺乏代表性的服装作品和相关服装现象，一般不宜作为评论对象，原因在于很难写出有广泛影响或有价值的服装评论。其三，评论对象应当具有一定的社会意义，诸如理论意义、实践意义，甚至某种否定性社会意义。这对服装新风格与流派的发展起到启发作用，继而带动服装理论、服装评论的深入发展。其四，评论对象应当具有当代性。一般说来服装评论应当选择当代服装设计师、新作及新的服装现象作为评论对象，这样有利于写出新意，写出时代特征。因为，服装评论从某种意义上讲，就是"当代服装评论"，这是与服装史研究有所不同的。其五，评论对象应当是服装评论者力所能及的。在服装评论时，要充分考虑到评论对象难易程度与服装评论者的能力，在主客观方面是否能体现一致。[1]

作为一个称职的服装评论者不但在选择评论对象时要遵循一定的原则，同时也应具备服装常识与服装史的知识。这就要求服装评论者在写作前的准备阶段要做好以下几项工作：对象资料范围的确定，相关材料的搜集、加工与整理等工作。

首先，评论对象资料范围的确定。一般说来，服装评论所需要的评论资料范围可以确定为：服装设计师所处的时代与背景，即特定时代的政治、经济、文化及社会风俗与风尚等情况；服装设计师的生平经历和设计生涯，包括他们的自传、回忆录、评传、传记、轶闻逸事、新闻报道等；服装设计师的创作体会、经验及其他创作自述、论著等形诸于文字的作品等；已经发表、出版的有关服装设计师的评论与报道，包括专著、论文和其他有关文章；其他服装设计师的同类题材、主题的作品；已出版的相关服装理论专著及论文；相关服装品牌、生产、管理、营销等方面的资料，等等。(图 5-19)当然，服装评论资料收集也要根据评论对象、评论目的进行取舍。

其次，相关材料的搜集、加工与整理。服装评论者在写作前，除了要对评论对象进行仔细研究外，还要搜集相关的材料。服装评论

[1]谢东山.艺术批评学[M].台北：艺术家出版社，2006.

18 | 19

图 5-18
Viktor & Rolf 10 / 11 秋冬女装发布

图 5-19
Ben Hasset 时尚摄影作品

者的观点要靠材料来佐证,如果没有材料的支撑,其观点很容易成为空洞的口号或教条,难以使服装评论言之有理、令人信服。值得注意的是,在搜集服装相关资料时,要坚持充分与准确两大要求:一是材料充分。服装评论写作资料要求做到尽量齐全、完备,只有掌握了充分的相关资料,才可能作出客观全面的结论,如若部分地占有材料,是很难保证结论观点的科学性的。所谓齐全、充分,主要是相对于服装评论的具体需求、目的而言的。就服装评论资料的丰富性、广泛性而言,当然要做到绝对的齐全、充分,几乎是不可能的,但是,材料的充分齐全并不意味着量越多越好,量多是非常必要的,但质高则更为重要。质高是指材料要足够保证对观点的支撑与证实,在用这些材料对观点进行论证时,一定要使论证过程有理有据,并且理丰据足、理正据严,这就要求选择材料时讲究材料的质量,认识到评论写作不可能也没有必要占有与该评论相关的所有材料,只要有那些有重大的关联、起关键作用的材料就可以了。二是,材料准确。资料要真实可靠,只有材料真实可靠,评论观点才站得稳、立得牢,评论文章才有生命力。在资料选择上,要尽量选用第一手资料,不用或少用二手、三手的间接资料。二手资料是指某个作者的引文或转述,三手的资料则是指引用或改写自二手资料的资料。如果这些资料不准确、有错误,再加以转引、使用,就必然会大大降低评论文章的水准。

当然,当服装评论资料搜集齐全以后,还要对资料进行必要的加工与整理。(图 5-20)所谓加工整理就是指对搜集的材料进行辨

图 5-20
随着电影阿凡达的热映,预计绿松石色将成为 2010 春夏流行色彩

伪、分类、编排目录、索引,以便写作时运用。在加工与整理时既要资料的原汁原味,又要有一定的灵活性,在保证不失准确性的前提下可以对资料进行调整和更改。

2. 构思阶段

服装评论者在确定评论对象范围、搜集资料的过程中,对评论对象有了一定的认识。之后,进入服装评论的构思阶段。在这个阶段,服装评论者要对掌握的资料进行认真研究和深入思考,最后对评论对象进行准确的价值判断。服装评论的构思阶段是评论写作过程中最核心、也是最艰苦的阶段。这一阶段正是服装评论的发现阶段,以及诠释策略的形成过程,所以对这一阶段应当特别重视。服装评论写作的构思不是凭空臆造,而是对评论对象作批评式的解析,以及批评式的判断。因此,服装评论写作尤其是评论专著或评论篇章的写作,主张挖掘要深而不是面面俱到,最好立足于评论对象的某一个方面来进行深入的评述,并力图以这一面为支点建立一个纵深型的科学体系。面对服装评论对象诸多可以选择的方面时,评论者凭什么、怎样来选择他所认为最重要的方面呢?这就涉及写作前的立意及评论视角的选择,也就是通常意义上的文章的构思。所谓立意就是服装评论写作过程中提炼主题,主题又是服装评论者在评论文章中提出的一种思想和观念,它不是对评论对象本身内容的展述,而是对评论对象的一种评价,是评论者借评价评论对象来传达他对生活的认识和体验,也是他对服装设计师、服装作品以及对生活作出体验、认识和思考的评价。因此,提炼主题即立意,也就成了服装评论的构思阶段中一个十分重要的环节。

为了在构思阶段中立好意,一般可以遵循以下原则:一是根据评论对象的类型来立意。既然立意就是从对象提炼主题,那么它就必须立足于对象,根据对象本身的特点来立意,尤其是要根据对象的类型来立意,否则评论很容易言此却及彼,偏离评论的主旨。二是在反思的基础上力求有所突破。服装评论者必须跳出对象,对它作出是非分明的公允的评价,向读者传达他作为一个服装评论者特有的作用。三是力求做到主观与客观的统一。立意必须从评论对象出发,但是立意的主体为服装评论者,是较之于普通人更该具有独立思考精神的人,这一特殊的身份决定了立意时评论者主观意识、主观精神的不可缺少。离开对象谈立意,评论文章就失去了科学性;离开主体谈立意,学术的创新无异于痴人说梦。

服装评论者立意后,接下来就要考虑到评论方式及角度的

图 5-21
09 年米兰时装周中,健怡可乐为 08 年在 Abruzzo 大地震中的灾民们特别献上 "Tribute to Fashion",邀请意大利顶级设计师 Moschino、Donatella Versace、Angela Missoni、Alerto Ferreti、Consuelo Castiglioni 和 Etro 为可口可乐瓶身设计包装

选择。(图 5-21)如果找不到一个恰当的评论角度、一种合适的评论方法,就很难将评论的写作继续下去,即使继续下去也很难成为一篇好的评论文章。在立好意,选好角度及方法之后就该选定写作格式了,也就是文章的结构安排。具体地讲就是要考虑文章分为几个部分、前后顺序怎样安排、如何起头、如何收尾、中间部分如何安排以及整篇如何呼应等。这些都是服装评论者所要考虑的内容。

3. 写作阶段

服装评论文章的写作阶段是准备阶段、构思阶段的继续,是准备阶段、构思阶段的扩展与丰富,也是评论文章初稿的起草阶段。在这一写作过程中,服装评论者必须胸有成竹,运用各种手法、表达技巧来使自己的见解、观点化成思想性和艺术性完美结合的优秀篇章。服装评论的写作阶段与一般写作一样,也应注意以下几个方面:

首先,在写作的初稿阶段时,不要顾虑太多,若遇到不确定的字义和用法,可以留下记号继续创作,不要被某些细节干扰困住。若在写作中需要暂时中断,一定要记下下一步的写作构想,才不至于一切从头开始写作。

其次,要注重评论表达的准确运用。写作是评论书写的最后阶段,也就是运用评论的语言,把评论对象的内涵及其审美价值,透过语言传达出来。而写作的目的在于以文字的具体形式呈现审美的发现和价值的判断。原因在于"在没有把评论对象物化成语言之前,评论就只能永远停留在纯粹意识思维状态"。[1]因此,服装评论也一样,有属于自己的特殊语言,即服装评论语言。从功能角度来

①谢东山.艺术批评学[M].台北:艺术家出版社,2006.

看,服装评论语言主要体现在专门性和艺术性。专门性是指服装评论有自身的专门概念术语,而且已经形成了一个系统。如在服装评论中常见的概念术语就有服装风格、服装流行、服装设计、服装符号,等等。艺术性是指服装评论语言有服装作品语言的形象性、情感性等基本特征。在服装评论语言的运用上,仅追求科学性语言,会显得枯燥乏味。当然,单纯追求艺术性语言,会显得华而不实,矫揉造作。因此,优秀的服装评论语言应兼具科学性与艺术性两大特征。

其三,在写作时切忌固守成见。一般说来,在写作时初创的草稿是以先前的腹稿或提纲为蓝本的,是对腹稿或提纲的丰富、扩展与补充,不会有根本性的改变。但这不意味着初创草稿时一定要固守腹稿或提纲,因为在写作时评论者在不断的思考,有时会有新的想法,会使评论文章更趋向于科学、合理。总之,作为服装评论者来说在写作时要始终清楚自己在写什么,千万别被第一次初稿所围,应突破成见,并留一段时间与初稿保持一定距离。只有这样,才会有更大的突破。

当然,服装评论者在写作时,还要考虑到自己的情感的投入、评论格调的把握、文章的修改以及避免一些常见的错误,等等。

(二)服装评论的写作技巧

服装创作者在进行创作时需要掌握一定的技巧,技巧恰当灵活的运用能为作品增姿添色。而服装评论者在进行评论写作时也应掌握一定的写作技巧,尤其要掌握评论写作特有的技巧。在这里介绍评论写作中几项基本的表达技巧。

1. 概述

概述又称复述,是评论者对评论对象所作的概括性介绍,也是服装评论写作的基本技巧之一,是作为服装评论者的一项基本功,对评论者和读者而言,概述都起着重要作用。服装评论者通过概述能够把服装创作者深蕴于服装作品中的审美观念、审美情感、审美旨趣,以及服装作品本身内含的审美意蕴初步揭示出来,为对它作进一步的分析与评价奠定基础。同时,在对服装作品的概述过程中,服装评论者的认识、理解、感受也会逐步地加深。对于读者来说,概述也很重要,尤其是那些对服装不太熟悉的读者,他们通过评论者的概述可以在短时间内迅速地获得关于评论对象的有关服装信息,甚至有时候能使读者迅速地抓住作品最吸引人的方面。对于那些熟悉服装的读者来说,概述能使他们再次体验一下感受,加深印象。可见,概述对于服装评论者在评论写作时的作用。如何恰

当地运用这一写作技巧,应遵循以下几点原则:

首先,尊重传达服装创作者的原义与作品的原貌。(图5-22)准确传达创作者的原义与作品的原貌是服装评论做好分析与评价的前提,否则就会失去评论的科学性,对读者的阅读会造成负面的影响,进而影响读者与服装创作者之间的交流与沟通。然而传达并非易事,一方面,创作者的原义反映了一种人的审美心理活动,同时作品本身也是一件极为复杂的审美性的精神产品,是创作者的情感与想象的产生,甚至就是创作者一时间灵感突发的产生;另一方面,评论者在概述创作作品时还要渗透自身的情感及态度。因此,既有传达创作者的原义与作品原貌的客观上的难度,又有传达的主观上的矛盾,这双重原因决定了传达的艰难性。这就要求服装评论者全身心地进入作品体验、感受,以充分领悟它的审美内蕴,同时还要设身处地把自己与创作者同处于一样的社会环境和时代语境下去体验,这样才能对服装创作者的创作意图与作品的原貌有一个正确的认识,才能传达出真正的内涵,这样读者就能在评论者的指引下真正进入创作者心理及作品中去。

图5-22
伦敦的设计师INSA所制作的10英寸厚底高跟鞋,水台部分全部取自15年前Rudy Guiliani的作品《The Holy Virgin Mary》中同一家大象产出的粪便

其次,注重在概述中服装评论的运用。对服装评论对象的概述,不能仅作旁观式的介绍,因为它的作用不仅仅是向读者介绍服装创作作品的梗概,评论者还要借它来传达自己的观点,引导读者根据他的判断与思考来接受和理解服装创作作品。这就要求服装评论者在评论写作时渗入自己的观点,判断概述是否成功,关键不在于概述在多大程度上保持了服装创作作品表面形式上的原貌,而在于概述是否真正地传达了服装创作者的创作意图与作品的原貌。因此,服装评论者寓评论于概述中,不仅不会影响准确的传达内涵,而且还会因评论的精彩点评丰富传达对象。

其三,结合评论目的选定概述的形式。概述因评论对象的不同可以采取多种形式,如集中概括式、夹叙夹议式、全面概述以及局部概论等。究竟采用何种概述形式,要根据评论对象的特点及服装评论者的评论需要这一双重情况来决定。

2. 分析

服装评论的技巧之一就是要对评论对象进行思考与评价,因此,服装评论的写作就不仅仅停留在概述阶段,而应该在概论的基础上对评论对象进一步的思考与评价。这要求服装评论者通过分析的写作技巧来加以完成。

服装评论是理智与情感相融合的精神活动,所以服装评论者不仅要对创作作品作直观的审美把握,还要以深刻的理性认识来对其作出评价,表达自己的见解并努力使这种见解带有强烈的理论色彩和逻辑性,用鞭辟入里的论证和表述使他人信服,从而对读者和服装创作产生影响、发挥积极作用。所谓分析是"从一定的社会观点和美学理论出发,对作品进行思想和艺术的解剖,指出它的组成要素和构成方式,揭示它的优点和缺点,这就要求批评家借助于思想的解剖力对作品予以解剖,进而一部分一部分地加以局部的审视,探索其中的奥秘"。①这同样也适合于服装评论。服装评论者在分析创作作品时要注意以下三个方面:首先,评论的结论与过程要一致,评论者在分析时一定要明确分析目的,明确最终得出一个什么样的结论和观点,然后围绕着结论和观点对创作作品进行分析。其次,处理好全面性与针对性的关系,比如在对创作作品的形式进行分析时,就不能决然地抛弃内容方面的因素。其三,要注意分析的条理性、层次性,在分析时一定力求条理清晰、层次分明,以避免对读者的阅读及评论者观点的表达造成困难。

总之,在服装评论写作过程中,概述与分析缺一不可。如果没有对创作作品的概述,评论就会流于知识性介绍;如果没有对服装创作作品的理性分析,评论文章充其量也只是一篇上好的读后感,上升不到理论的高度。

二、服装评论的文本结构

一般说来,"评论的文本基本是由描述、诠释、判断三种性质互异的句子所组成的,但它们在叙述上必然要循着上述这样的顺序出现于批评文章里"。②当然,不论评论者的写作风格如何,在一篇评论文章内,上述三者是最基本的不可缺少的元素,缺了任何一个元素,便不是一篇完整的艺术批评。同样,在一篇完整的服装评论文本中,必然也包含描述、诠释、判断三种元素,它们是组成服装评论文本不能少的结构元素,也是构成评论文本的必要条件。但在行文中,此三者习惯上并非完全个别独立进行,而是交叉出现在评论文本中,而且不一定按照描述、诠释、判断的顺序出现。因此,在这里研究服装评论的文本结构不从以上三种元素的角度来加以分析,而是从服装评论文本的结构本身加以分类。现将服装评论的文本的结构分为四种,即三块式结构、多层式结构、波浪式结构和箭

①张利群.文学批评原理[M].桂林:广西师范大学出版社,2005.
②谢东山.艺术批评学[M].台北:艺术家出版社,2006.

靶式结构。①

(一)三块式结构

三块式结构又叫三段式结构,是服装评论最常见的文本结构。引论、正论、结论,论点、论据、结尾,提出问题、分析问题、解决问题等,服装评论往往就是这么"三块",所谓"凤头,猪腹,豹尾",也是"三块"。当然,一块往往不限于一段,可以是几段。

(二)多层式结构

多层式结构又被人叫做"层层剥皮,步步深入",这也是常见的一种服装评论文本结构。有些观点"埋"得很深,"包"得很厚,要阐明它,就必须多层分析。

附文　　书法　集邮　过年穿新衣

胡　月

和我的祖母一样,祖父也是教书的,在大学里教中国古典文学,擅长书画。小时候看祖父写字,最吸引我的是先看保姆张妈研墨(研墨是力气活儿,研完了手就没劲儿了,会发抖,所以请别人代劳)。只见张妈梳光头、洗净手,挽起袖子,平日和善的脸上满是庄重严肃。她站在书桌前右手持墨,墨身笔直,按顺时针方向转着研,一下一下,速度均匀,连转动的轨迹竟然也是大小均匀的圆圈圈。左手不时地用指甲盖大小的铜勺从小铜水盂中舀水加入砚台,渐渐地水盂里的水都到砚台里了,清水成了浓稠合适的墨汁。张妈是祖父家的老保姆了,十几年来,在祖父的指导下不知研了多少墨。祖父告诉我和弟弟:"张妈性情稳、人品善,很合适研墨。倘狂躁乖张之人,研出的墨是不好用的。"以后,每次看张妈研墨,我都觉得她特了不起。

我和老公是大学同班同学。他从小集邮,有几本破破烂烂的邮本,里面的邮票大多也是恹恹的、旧旧的。大学期间,社会上一阵风地兴起集邮热,班上也有不少响应的。回家求爹爹告奶奶,求得些"遗产"的;以新换旧、以旧换新换来的;专门伺候信箱,连哄带骗磨来的;更有甚者,省下伙食费,上邮市整套整版地买来的。一时间,不少同学的崭新大本儿一本本地出现了,在班里显摆。可不知为什么,崭新大本儿的"市口"都不佳,而老公的充斥着"品相"不佳的邮

_____
①李德民.评论写作[M].北京:中国广播电视出版社,2006.

票的小烂本儿却特受宠,经常几个脑袋凑在上面,邮本主人则娓娓叙述着那一张张邮票的来历和故事。他说:"我从来不买,就是靠一张张地集。为了集全一套,不知要等上多少时间。每次得到一张久已盼望的,那份高兴和满足可是了不得,因为不容易。"

记得以前过年,大人、孩子总是要穿新衣的。大年初一醒来,看见摆在枕头边上的新衣服,爬起得特别快。过年穿新衣服也是不容易的,家里的奶奶妈妈们早早地就计划着买布料、配纽扣配线,无论自己家做还是送到裁缝铺里做,都还得量尺寸裁布,做上一阵子。记忆中,男男女女、老老少少在同一天里穿新衣,使过年的气氛更浓,更像过年。

社会发展了,行业分工越来越细,甚至于本来都是以家庭为单位解决的很多生活事儿,也都有了社会服务。过去的很多生活行为也都简化了或根本消失了,统统变成了一种行为:买。买,这种行为能快速而有效地满足各种物质需求,省去了漫长的过程,省去了盼望和等待。大大小小的商店里挂满堆足了各式服装,随时都可以去买。可是,不知从什么时候起,大家都逐渐淡漠了过年穿新衣的那份喜气洋洋,更少了听奶奶妈妈、姑姑婶婶们评说全家大小或邻里街坊的新衣服时兴奋的叽叽喳喳。

简化了的生活,带来的是简化了的情感、简化了的认真。简化了辛勤,也简化了珍惜。满足了物欲,却在不知不觉中失去了许多精神上的诉求。儿子长大了,也该学学书法,我买了一大瓶"一得阁"墨汁,够他写千千万万个汉字,随取随有。儿子也要集邮,现在上哪儿能集得着啊,还是用钱买点儿吧。

——转引自《轻读低诵穿衣经》第31-33页中国纺织大学出版社2000年

(三)波浪式结构

波浪式结构是种正正反反、起起伏伏的结构,往往有疑问,有辩论,有迂回,有悬念,很能"吊"起读者的胃口,能避免论证中的片面性,把道理讲得比较透彻。

附文　　　　**我们会裸体吗?**

袁　仄

21世纪我们穿什么?朋友问。

很难说——

就如十九世纪末的人难以想象20世纪的人会穿"迷你"裙、乞丐装、朋克服、牛仔裤、透露装……换言之,20世纪这百年服饰舞台上的叛逆、革命已经表演得够充分的了,那么未来一百年的人,能不承继先人的秉性有所作为?

约在大半世纪前,一位法国的服装心理学家佛鲁吉尔写过一部《服装心理学》, 他在对服装的起源及人类心理作精彩分析之后写道:"衣服在人类历史上只是一段插曲, 一旦在自己身体和较大物质环境控制上都能得到安全之际,他将鄙视衣服这拐杖……"

他的结论颇有点惊世骇俗:人类将回到裸体。附和该观点的还有当时的学者、作家威尔斯(H.G.Wells)、达维斯(L.Davis)等。

且不论这是否是诺查·丹玛斯式的预言,人类的本质是善于遐想的,更何况是站在世纪之交路口的人们。亚当夏娃一定幻想过披上衣裙的美妙,同样,他们的子孙也会想象脱去衣裳的可能。

事实上,20世纪的服装历史似乎是一部越穿越少的历史,尤其是女性同胞。她们脱却了紧身胸衣、曳地长裙,她们剪短了裙下摆,她们露出了肚脐、透出了胴体,比基尼已成为最正常不过的最小衣服。

其实,20世纪已有一批先驱者身体力行地实践了回到裸体。有的宣言"回到自然",有的建立"天体营",这在六七十年代风靡欧洲。不过这种实验并未能发扬光大,原因之一可能是人类的肌肤难以抵御寒冷;但这肯定不是主要的。有去过天体营的人说,普通人的人体绝非维纳斯、史泰龙那般美妙,相反令人作呕。此言可信,这也许是又一原因。

我以为,服装之所以成为所有种族文明开启的拐杖,这实在是耐人寻味。重要的是人类在文明过程中,已经赋予服装太多的东西,服装已是文化、精神、道德、秩序的载体或外化物。

让人类脱光这个载体? 难。

不过,20世纪有服装形式肯定会变。因为类似 "克隆"、"聪明鼠"的技术在发展,人的劳动方式乃至生活方式会发生改变,伦理道德、审美标准都会发生重大的变化。也许有一天,未来人都欣赏汤加人式的肥胖,到那时,一身赘肉将是美人的标准。这也不是不可能的。

当然,我们可以预见21世纪最初几十年,人们肯定还是穿衣裳的。还管是披是挂是裁是绕的服装,基本上总是领口、袖子、门襟……原因很简单:人体将不会改变。

　　——转引自《人穿衣与衣穿人》第 84 - 86 页中国纺织大学出版社 2000 年

(四)箭靶式结构

　　箭靶式结构的服装评论往往是论战型的驳论，服装评论者以正面论点的支支利箭，射向反面观点的箭靶,争取射中靶心,驳倒反面论点。

　　以上简介了服装评论的四种结构。当然,写服装评论,一百个人有一百种写作手法,一百篇服装评论有一百种文本结构,一百个样子。这就要求根据写作的要求与目的,选择何种文本结构。

附 录

附录一 当代主要服装评论家

随着中国服装产业的发展，特别是近二十多年来涌现出了一批著名服装评论家，他们当中有的是"闲情雅致"的"学院派"，有的是包罗万象的"职业派"，有的是渐行渐远的"边缘派"。虽然，为他人树碑立传是一件吃力不讨好的事情，而且每一个人有每一个人的判断，要想统一起来恐怕很难。但是，他们中的一些人，已经在服装评论中逐渐形成了各自独特的风格，并且得到行业内的公认。如包铭新——文字闲情雅致，轻狂不羁；袁仄——文章富有文人气，言行谨慎；张辛可——语言敏锐，锋芒毕露；李超德——文字风格洋洋洒洒颇为流畅，等等。为了研究的方便，将仍然活跃在评论第一线的主要服装评论家和评论作者作一些介绍。

一、包铭新

包铭新作为一名学院派服装评论家，虽然早年专攻数学，但后来作为一名研究纺织服装科技史的专家，改革开放以后他是比较早留学"美、加"的学者。这一段学术经历对他而言至关重要，他接触了大量外文资料和流行资讯，加上他参与过大百科全书的编辑工作，比较系统地积累了中国纺织服装文化历史的资料，这为他后来成为国内著名的服装史专家奠定了基础。他在晚清民国服装史研究方面的成就，以及明清字画、扇子研究和收藏，在理论界和收藏界声名显赫。包铭新所写的服装评论，轻声慢语，信手捻来，秉承了海派文人的闲适风格。他纵横古今，涉略中外，他的文字少于修饰，所论及的事件和人物，往往在不经意中透露出作者内心的价值判断。特别是他在"时装评论"的课程建设方面所做的开创性工作，以及培养时尚媒体人才所做的贡献，使他成为服装评论的权威。他的评论文章轻狂不羁而闲雅，彰显了海派文人的心境。

包铭新

（一）个人简历

包铭新，1947 年生，原籍浙江镇海。1977 年考入上海师范大学数学系，1979 年入华东纺织工学院纺织系，1982 年获纺织史硕士学位。

现任东华大学服装艺术设计学院教授、博士生导师、中国敦煌吐鲁番学会染织服饰专业委员会主任。1982年以来曾受邀于中国美术学院、天津美术学院、湖北美术学院、四川美术学院、天津工业大学艺术设计学院、中国画院等讲课,并赴美国、加拿大、韩国及中国香港多所大学讲学。1990年获加拿大安大略皇家博物馆 VERONICA 研究基金。

为《中国大百科全书·纺织卷》、《中国丝绸史》、《中国文化辞典》、《织物辞典》等书的编委或主要撰稿人,著有《中国历代染织绣图录》、《中国织绣鉴定与收藏》、《家居器饰》、《世界名师时装鉴赏辞典》、《中国名师时装鉴赏辞典》、《时装赏析》、《解读时装》、《时装评论》、《时髦辞典》、《时尚话语》等近三十余部著作,并在各大报纸杂志发表时装评论文章数百篇。

(二)范例

性感=暴露?①

包铭新

究竟什么是性感的时装?

有人想用暴露程度来界定。做短、薄、紧、裹等处理确实是一些设计师用以增加时装性感的捷径,但是,印尼等东南亚地区妇女常穿着裸露整个上身的服饰,当地人并不认为那是性感的服装,而且服饰发展到了三点式似乎已经是暴露的极限,再下去就会成为皇帝的新衣,裸露的极限是对整个时装的否定。人们会从绘画或人体摄影画册中去寻找裸体,而不是时装画报,而且,心理学家早就指出,过多的暴露反而会降低兴奋的程度。像《花花公子》一类色情杂志的摄影师反倒懂得需要借用各种时装进行半遮半掩,认为这样的人体更具性感魅力;梦露在《七年之痒》里裙摆撩起的经典瞬间,契合了人们所有关于性感的想象。

所以,还不如说时装的性感就在于其暗示或强调人体的某一部分,把人们的注意力和想象力集中于人体的某一部分。由于人体的某一部分具有性的挑逗性,因而服装也带上了挑逗性。不同时期流行的不同服装款式,如超短裙强调腿,露腹式强调腰腹,高腰裙强调胸,巴瑟尔裙撑强调臀部,无胸罩T恤强调乳头等。而流行款式的变化也常起因于人们对某一款式强调的那部分人体的敏感度

1952年玛丽莲·梦露作为第一期的《花花公子》封面女郎

①该文由包铭新提供。

降低,产生厌倦情绪,而要求有一个新的集中焦点或新的兴奋点。

二、袁仄

袁仄是恢复高考以后的苏州丝绸工学院工艺美术系七七届毕业生,后读研究生,毕业后留校工作。虽说他学的是染织美术,但在丝绸工学院图案教学、服装教育方面的卓越成绩,以及他"文化大革命"前就接受过美术中等教育的现实,使他拥有了综合学术能力,他可以说是我国第一代服装设计硕士研究生,这在当时凤毛麟角。袁仄后来两次在香港理工大学的学习经历,为他拓展国际化视野奠定了基础。袁仄的评论文章,在文字的表象背后,积淀了中外艺术史的修养。品读袁仄的服装评论文章常能从中领略到他对中外艺术史的即兴感怀。他调任北京服装学院以后,视野更加开阔,对当代中国服装设计的发展研究以及服饰类报刊的评论专栏和评论工作富有建树。他的评论文章谨慎而又周密,富有文人气。

袁仄

(一)个人简历

袁仄,上海高桥人,先后在上海、合肥、苏州、北京、香港和澳门学习、工作、生活……

1982 年毕业于苏州丝绸工学院工艺美术系, 学士;1985 年中央工艺美术学院文学硕士;1996 香港理工大学哲学硕士。

曾任北京服装学院教授、学术带头人、硕士生导师;教育部服装设计与工程专业指导委员会秘书长、中国流行色协会理事、中国服装设计师协会理事等职。从事服装设计、服装史论等教学科研 20 余年,主要研究中国服装史论及断代史、传统服饰文化抢救和设计艺术思想史等方面。独著、合著多部专著并发表诸多论文。

(二)范例

人类"脱"衣史①

袁 仄

穿与脱,是两个相悖的衣着行为:有穿便会有脱。

地球上各色人种的文明开端,无一例外地选择了服装。从 18 000 年前山顶洞人的骨针,到基督教文化中亚当夏娃的无花果叶,我们人类就此开始了漫长的穿衣史。

早先,在生产力水平低下的日子里,衣服作为一种"奢侈品",自然是多多益善,就像胖子肯定是当时的美人。首长、国王的威严

---

①该文由袁仄提供。

也就来自这层层叠叠的衣饰。

衣服越穿越多……

衣服的花色品种愈来愈多,其分工亦愈来愈细。原来的外衣变成了内衣;后来的外衣之外又加上外衣。人们对衣饰的饕餮远甚于食欲。王公贵族的价值取向自然是"衣多为贵"。欧洲16世纪以后,贵族衣饰的繁复、奢华已到了登峰造极的地步。像维多利亚时代的贵妇在穿着极不科学的紧身胸衣和大撑裙外,还须穿多件衣服和顶插上羽毛、花朵、丝带及面纱的大帽子。据统计,体面的淑女至少背负十至三十磅重的衣饰。我们不难想象,都卸去,他(她)们将会变得多么羸弱与寒碜。

在这一段历史里,服装的某些功能被夸张到畸形的境地,人们把"穿"衣的行为变得如此冗长和繁复。

事物的发展总是物极必反。

经历了几千年的穿衣史,人类终于厌倦了繁文缛节的"穿"衣,而开始了"脱"。

原来的外衣被脱却,曾经是内衣的角色又变成了外衣,似乎像节肢动物的蜕皮一样。当然,作为一部历史,这"脱"的过程是相对缓慢的。我们不可能想象吉普森少女(Gibson girl)一夜之间就会脱成了比基尼泳装。

真正的脱衣史始于20世纪。

故事仍然应该回到"衣多为贵"的穿衣历史的终结,即19世纪末与20世纪初。但必须强调,使人类选择脱衣的绝不是衣着者们自身的主观意愿。

有这样一则寓言:风和太阳打赌,说谁能让行人脱下衣服。求胜心切的风使劲鼓吹,却未能奏效,行人反而将衣服裹得更紧了。而太阳轻轻地洒下热浪,不一会行人就脱却了上衣。其实,让人类脱下衣裳的"太阳"正是现代工业文明。人们顿悟:繁杂的衣服已不适应现代生活。现代化的机器生产方式改变了人们的生活方式、价值观念乃至衣着方式。

脱,也就此开始。

现藏于布鲁克林博物馆内的一件对襟长袍,外加长斗篷,这是20世纪初的海水浴衣,即如今的"沙滩装"。其层次与繁琐令人咋舌,可见20世纪初人们面对脱衣问题,远比今天的想象要困难得多。当淑女们的曳地长裙刚离开地面,舆论界便戏谑道:"原来女人也是两足动物!"

Valentino 2010 春夏女装成衣发布

　　早年的网球装是长袖衣、长裙和帽。直到第一次世界大战前，一位叫兰格林的网球明星将网球女装的裙下摆稍稍改短，即长至腓部，立即引起舆论界的惊呼，称网球场的"裸腿之战"。

　　早年的解脱应该归功于一位对东方艺术狂热的爱好者——法国时装大师保罗·波列（Poul Poiret）。他在服装的传统与现实冲突中，率先让女人脱去了紧身胸衣（corset）。那种令女性保持 33 cm 细腰的胸衣，实际上已成为一种损害健康的枷锁。

　　穿，原本应是在人体上进行包装、美化，但最终却导致对人体的束缚。而脱的历史，则一开始就从人类自己罗织的樊笼中解放人体。波列脱去了紧身衣，却无法摆脱对华贵、浓艳的审美喜好。所以，当夏奈尔那种极具现代感的减法设计出现在世人面前时，波列曾讥讽她的设计是"高级的穷相"、"像营养不良的打字员"。所谓"穷相"，无非是指夏奈尔的设计脱却了铅华，就像当时的建筑设计，完全丢弃了洛可可、新艺术运动的装饰，剩下的就是"功能"。20 世纪 20 年代建筑界掀起的"功能主义"，在服装界亦表现得颇为彻底，具体而言，脱去所有浮华。

　　事情好像倒了个儿。原来穿上的，如今脱下；原来长的，现在剪短。服装造型愈来愈简洁，裙子下摆离地愈来愈远。

　　到 20 世纪 50 年代，伊夫·圣·洛朗的名为"梯型"的成名之作红遍巴黎。这是一款极为简洁的梯型裙，可爱的圆领，两只大口袋，没有蕾丝，没有丝带，简洁得近乎"贫寒"，但这正是一发而不可收的潮流。

　　其实，要论脱得彻底，当数 T 恤衫。

　　近年来时装界时兴"内衣外穿"，而 T 恤恰是开此风气之先河。这种紧身的针织圆领衫，据说原系法国军服的内衣；又说是美国马里安兰纳波利斯码头工人所穿，被美国青年当作便装穿着。特别是好莱坞影星马龙·白兰度在《欲望号街车》中的 T 恤形象，令 T 恤风靡全球。如今针织 T 恤比比皆是，成为内衣外穿最普遍的形式。

　　20 世纪 60 年代无疑是服装史上重要的时期。一位来自威尔士的英国女子玛丽·奎恩特（M·Quant），她一剪刀裁出的迷你裙，开创服装史上最短小的裙子。这种玉腿毕露的"迷你"风迅速迷倒了全世界。若依洛可可画家布歇（F. Boucher，1703—1770 年）的眼光来看，这简直如同裸体。

　　一方面是现代人越穿越少的态势；另一方面，一位法国学者佛鲁吉尔（J. C. Flugel）提出了更为惊人的见解，他预言：人类终将抛弃衣服这个拐杖,回到裸体。虽然目前尚难证明其预言的科学性,但在20世纪60年代一片反叛的喧嚣声中,确有一批先驱者脱光了衣服,实践了裸体。这就是当时沸沸扬扬的"裸体文化","天体运动"。他们声称:"唯有裸体才能和自然真正融合到一起。"他们身体力行地脱得一丝不挂,他们脱掉了人类花上几千年经营的服装。

显然,他们脱得太彻底。许多到过天体营的人都表示:裸体的人类身体比穿衣还无趣。作家克拉克(Clark)说:一般人的裸体不会令人兴奋,看到那一堆裸体让人感到晕眩。

不过,当时的时装界并不甘示弱,也掀起一股不大不小的"无上装"(topless)的时尚潮流,有前卫靓女脱去上衣,但终未获得更多的追随者。

也许可以这么说,人类脱衣史中最具冲击力的应该是比基尼泳装。1946年7月,太平洋上的比基尼岛上爆炸了原子弹,十八天后,一位名叫路易斯·里尔德(Louis Reard)的法国人推出了胸罩样式上衣和三角裤。那天他雇了一名应招女郎做模特,在一个公共泳池展示了他的作品。人们被惊呆了。

这套被命名为"比基尼"的泳装,其最初震撼力不亚于太平洋的核爆。地中海沿岸国家视其为瘟疫;意大利明令禁止;西班牙海岸警卫队驱逐穿比基尼泳装者;甚至美国也曾为比基尼抓过人。直到1952年,法国影星碧姬·芭铎演了一部《穿比基尼的姑娘》,比基尼的形象开始迷住了法国人。20世纪60年代以后的海滩已是满目比基尼。这是迄今为止脱剩得最少的服装,其总面积不足一平方米的五分之一。

虽然泳装只是一种特殊服装,但比基尼毕竟使基督教文化下的道德规范彻底失去了约束力。

20世纪80年代,一批前卫的时装设计师决定混淆内衣外穿的界定,这就是"内衣外穿"的潮流。这是一个大胆、蛊惑的年代。英国女时装大师韦斯特伍德(V. Westwood)和法国时装大师让-保罗·戈蒂埃(J-Paul Gaultier)是"内衣外穿"风潮的中坚分子,他们将女性内衣变成极具挑逗性的外衣一部分。女性内衣外穿的灵感,似乎为设计师们注入令人振奋的想象力。缪格勒(T. Mugler)、阿拉亚(A. Alaia)、范思哲(G. Versace)都为之推波助澜。美国著名歌手麦当娜在其"In Bed with Madonna"巡回演唱中的舞台装完全以内衣表现。该片在1991年夏纳影展时,麦当娜穿着纯白丝胸罩与束裤出席,着实是对以往传统服装观的彻底反叛与藐视。

1991年戛纳国际电影节上,麦当娜穿着让-保罗·戈蒂埃设计的纯白丝质胸衣与束裤出席《与麦当娜同床》(Truth or Dare)的首映

这样到了 20 世纪 90 年代。当巴黎、米兰或纽约的时装大师再一次剪短上衣的下摆,使女士露出肚脐时,舆论不再惊讶。同样,当 T 型台上的模特穿着透露的时装时,仿佛人类的衣服又被脱去半层皮。若隐若现的女性胴体,再次显示了人们对衣服的眷恋与疑惑……

回首百年,这是一部人类的"脱"衣史,但我们不难看出:从穿到脱,这不只是简单的衣着行为的逆行,而是现代人类社会发展的必然。

三、华梅

华梅是活跃在服装评论界最为勤奋的评论家之一。鉴于她长期教授美术史的专业背景,以及她所从事的"人类服饰文化学"研究,她的文章往往短小精悍、寓意深刻。特别是她在《人民日报·海外版》副刊上"衣饰文化"专栏中,用长达七年的时间,发表了三百余篇常识性文章和评论文章,将当今服饰流行与传统文化结合起来,洋洋洒洒如行云流水,让读者在轻松阅读之余领略了服饰美的奥妙。华梅所写的评论文章纵横捭阖,飘洒清新,雅俗共赏。

华梅

(一)个人简历

华梅,1951 年生于天津,祖籍无锡。现为天津师范大学华梅服饰文化学研究所所长、教授。国家人事部授衔"有突出贡献中青年专家",享受国务院政府津贴。1997 年天津市劳动模范,1998 年全国教育系统巾帼建功标兵、全国教育系统劳动模范、全国模范教师。国际服饰文化学会会员。天津市政协常务委员。有《人类服饰文化学》、《服饰与中国文化》等多部专著,主编四套丛书。从 1993 年起,为《人民日报·海外版》撰写"衣饰文化"专栏,至今连载 300 余篇。

(二)范例

早在 20 世纪末,英国科学家就做出预测,21 世纪将流行胖。当时很多胖人仿佛看到了曙光,认为很快能成为时尚的宠儿了。可是很遗憾,进入新世纪已经五六年,还没看出多少崇拜的趋势,只有英国挂历上拍了些超胖美女的照片,但并未使人们感受到美。我之所以关心人的体型流行趋势,因为它直接联系着服饰形象。躯体,从某种角度看是衣服架子。

暑假去了趟山西,从大同到五台山,很多是盘山路。途中经过一些小山村,看那些房屋和设施,好像是很落后的,经济上也不宽裕,可是我敏锐地感觉到,那里的中年妇女(有些就是婚后的少妇)

中有好多是很胖的。她们的体型显示出臃肿,看不出腰,三围都严重超标。这使我想到近几十年国际流行体型的标准。

20 世纪前半叶时,胖是财富的象征,凡腆着大肚子的,一般是资本家的形象。在中国,很长时间里都把大腹便便叫做"发福",它与瘦骨嶙峋是相对的,没有饭吃的人怎么能胖呢? 可是进入 20 世纪后半叶以后,发达国家认识到肥胖容易引起高血压和心脏病等现代病,因此开始崇尚瘦。认为有钱人有条件去健身,去吃高蛋白低脂肪的食物,而且关注健康知识,有这种"现代"意识。而没有多少钱,又不至于挨饿的人,每天只得吃谷物和脂肪,没有想到或根本不了解健身知识,或说由于不用进入高层社交场合,因而也未意识到保持标准体型的必要。经过这样的一系列推理,标准体型成为先进的文明的象征,而肥胖被抛给了贫困与落后。

由偏远山村女性肥胖的现象,我们也可以看到一些中国改革开放以后的成果,那就是我们的山村农民满足了温饱。之所以男性肥胖较少,是因为男性体力劳动程度相对要重,而经济状况决定了中年女性既不用像姑娘小伙们那样出门打工,也不用像中年男人那样仍然劳作在田头。轻松的家务加上能够吃饱的肚子,再加上不多的健康常识,于是肥胖并不使农妇们觉得有什么不好。有时候,可能还可以用来炫耀,吃得很惬意的吗?

英国人为什么预测 21 世纪将流行胖呢? 据说是推测 21 世纪危害人类最严重的是艾滋病,而瘦人容易感染艾滋病,艾滋病人又很瘦的缘故。由此我们想到,对服饰形象审美标准的变异和发展,是受到多方面因素影响的。报载,以胖为美的太平洋岛国汤加国王,原来是很威风的,体重近 200 公斤,可是后来由于也患上了现代病,因而不得不减肥……

时装模特儿依然是骨感的,尽管我们没必要也很难达到那样的体型,但至少可以看到,那是时尚的标志,那样的体型穿上衣服才好看。当然我说的是今天。

——节选自《服装时报》2005 年 12 月 8 日

四、张辛可

张辛可的经历独特而富有色彩,他曾是一名企业的技术科长,他并未接受过系统的本科教育,但对服装结构工艺颇有研究,进入中国美术学院攻读研究生以后深受其文化浸染。同时在他身上又有杭州人特有的倔强性格。目前仍然活跃在社会上的服装评论家

张辛可

中,他是少有懂得服装工艺的学者。在张辛可身上具有"浪漫色彩

与理想情怀"学校风格的烙印。他曾游学法国,他思维活跃,好争论。他在服装界常有新颖观念,因此,他的观点也就常常引起争论。他的评论文章敏锐而又锋芒毕露。

(一)个人简历

张辛可,杭州市人,1951 年出生。有下乡插队落户的经历。担任过服装厂技术科长;师承国内外服装名师,被誉为"浙江省的一把金剪刀";期间获市、省、全国服装设计特等奖等近二十次。现任中国美术学院教授、硕士研究生导师;担任数所大学的客座教授;张辛可艺术设计工作室设计总监,浙江省流行色协会副秘书长,杭州市服装设计师协会副会长,中国服装设计师协会和中国流行色协会会员。

1986 年考入中国美术学院,攻读服装设计硕士研究生。后任服装教研室主任、中国美术学院服装研究所所长;其间有两台个人大型时装发布会在杭州等地发布。

1991 年应浙江省纺织品进出口公司之聘,任中外合资深圳纬球纺织服装有限公司副总经理。

是"中国女装看杭州"的理论提出人,担任"杭州市女装发展规划"鉴定组组长。担任历届杭州市"十强服装企业"、"十大女装品牌"、"十佳服装设计师"的评比小组组长和副组长。

1997 年至 1998 年在巴黎作访问学者,遍访时装发达国家和城市;在巴黎国际艺术城举办"个人服装展";在巴黎举办"服装设计与打版培训班";曾在两家法国公司设计、打版;在巴黎接受法国国际广播电台、《世界报》、《欧洲时报》、中国中央电视台等媒体的专访。

曾任中国·庄吉集团首席设计师,罗蒙集团企业发展顾问,万事利集团设计部经理、艺术总监、技术总监。

1999 年获"中国十佳服装设计师"称号。

1999 担任总设计和总策划的作品赴巴黎参演巴黎·中国文化周,被国务院新闻办公室和中国纺织工业局授予"中国优秀服装设计师代表"称号。

担任广东十佳、虎门杯、大朗杯、衡韵杯、CCTV 杯、中华杯、全俄罗斯青年设计大奖赛等策划、评委和评判长。

曾任中国时装评论委员会主任委员。是多家专业媒体和网站的顾问和特约评论,发表的专业评论和观点在业内外有较大的影响,被誉为"中国著名服装评论家"。应聘参加各类服装高层论坛和专家讲座。

编著《男装设计》、《女装设计》、《童装设计》、《中国衣经》、《服装裁剪设计技法》、《杭州品牌女装博览》、《服装结构设计大全》、《服装工艺缝制大全》、《东方文化的崛起——具有中国人文精神的服装设计及其教育》、《职业装设计》、《服装材料学》、《服装概论》、《服装产品表达》等著作、教材近二十种。

由于有不少服装业发展战略观点和策划被采纳和应用，因此被杭州、宁波、温州、深圳、虎门、厦门、福州、大连、上海等地邀请讲座和担任一些地区的发展顾问。被业内誉为"区域品牌策划专家"。

曾经为庄吉集团、罗蒙集团、万事利集团、娃哈哈集团、香港啄木鸟(集团)有限公司、美国美洲羚股份有限公司中国成员企业、水星家纺、大杨集团等企业和品牌进行过成功的设计服务和推广；曾经为杭州女装、温州服装、宁波服装、海宁皮衣、大连服装、青岛服装、深圳服装、福建服装、上海服装、广东服装等区域性的服装产业、品牌和区域集群进行过设计、咨询、策划等工作。

2003 年至 2005 年与香港明威斯发展有限公司合作成立"浙江雪尔丹服饰设计咨询有限公司"，对杭州乃至全省、全国的服装设计发展起到一定的推动作用。在设计和品牌推广业务上拓展到全国、东欧和俄罗斯。

2003 年和 2006 年两获"真皮标志杯"中国时尚皮革服装设计大奖赛银奖；2006 年获"时尚中国——2006·CCTV 服装设计电视大赛"十佳设计师称号。

2008 年担任北京奥运会中国队入场服装设计评委；2009 年和 2010 年中央电视台《武林大会》服装设计指导和评委；应中国服装协会邀请担任 CHIC2008"中国高级成衣发布会"的独立观察员和评论家；应深圳市工贸局和服装协会邀请，担任"深圳市女装产业区域品牌课题"专家论证组副组长。

（张辛可提供）

（二）范例

中国纺织服装业的前途

张辛可

中国的纺织服装业，"文化大革命"前后以"满足人民的(最基本的)需要"和"出口创汇"的数量速度型发展为主导，结果导致在"计划"下的需求短缺、技术落后和基础原料及低档产品的严重过剩，以至造成 20 世纪 90 年代后期的"砸锭"。

当时的中国纺织总会会长石万鹏说："我宣布，全国压缩淘汰落后的棉纺锭1 000万正式开始。"因为1997年全国棉纺生产能力达到4 171万锭,而市场需求仅为3 000万锭。为此,将总生产能力压了下来。有100多年历史的上海申新纺织九厂就有3 000多工人离开了工作岗位。对此,后来有论调说,幸亏有这1 000万锭(有资料说是2 000万锭)的"砸",才有后来的棉纺行业和其他相关产业的发展。

问题是你早干什么去了?是什么前因造成"砸锭"的后果呢?又如何解释当前纺织服装企业的新一轮的举步维艰呢?难道仅仅以人民币升值、退税降低、劳动力成本上升等可以本质地解释吗?

因此,我的合理推论是,比"砸锭"更早的中国纺织服装业极为落后的发展思想是造成这个后果的原因(当然,这仅仅是所有行业落后全貌中的冰山一角)。幸亏后来有了整个行业的"国退民进"的演进,情况大有好转。但在新历史条件下的纺织服装陷入困境的基本原因没有得到根本的改善。

如果要深刻和全面地分析, 实在是这篇评论难以承载。早在1972年被称为伟大的智者、大历史学家汤恩比博士在《展望21世纪》中指出的"今天的人类已经到了最危急的时代,而且还是人类咎由自取的结果"! 因此,不能引进先进的人文类学说,是我们"蒙在鼓里"的根本原因。另外,"自闭性发展"和制度性弊病亦是其深层原因的另一面。

在世界范围内, 近百年来受到资源匮乏、环境恶化以及哲学、美学、社会学和经济学的根本性的变化,人类的生存方式和产品思想有着百年的深刻而渐进的变革。而我们对这个变革是漠视和无知的,觉察到的和令我们羡慕的仅仅是发达国家纺织服装业表面的"光鲜"和"硬件"部分。而且,我们对"光鲜"和"硬件"的理解是不全面的,更没有在思想和人文上全面而深刻地跟进。

近十数年来,上述变革更以"创意经济"的思想在发达国家提出并实施,而且被视作人类的前途所在。在我国,中央则提出建立"创新型国家"和"转变增长方式"为未来的国家目标。

我认为,如果我们把本质的"产品文化"和"品牌真谛"抽取出来观照我国的产品和品牌——可以发现我们仅有物的产品和品牌的躯壳而已,并无什么实质性的产品文化和品牌思想。因而,大多数企业和品牌获得的仅仅是"简单增值"的、令人生疑的"商业价值",而所谓真正的"商业价值"是指"思想、精神、服务、价值观、文化、审美"诸方面的。可喜的是,近年来我看到"例外"品牌毛继鸿提出的"以服装传道，用思想制衣"和"天意"品牌黄志华传递的"绿色和中国人文"的思想，使我终于看到中国纺织服装业的"曙光"，尽管这束"曙光"对于偌大的中国来说不够大，不够多。

"创意经济"的提出和迅速发展，有其基于自然资源的匮乏和人类物质和精神前途的双重危机所逼迫下的必然产物和兴起原因。我们考察和定义新经济(或称知识经济)的角度应该从"科技"和"物质"转变为"艺术"和"思想"，其结果是扫除了发展经济和提高生活品质的巨大盲区。"创意经济"打破了人类对物质资源的依赖和经济的物化形态，创造了思想和文化作为资源的并可以无限而循环利用的文化经济的形态。"创意经济"的秘诀在于使人文精神成了经济发展的最重要、最直接的资源，人的智慧成为决定性作用的生产要素并具有绿色性、高附加值性和非损耗性。

当人类的"心灵和思想性的爱好"成为创意经济的市场动力，思想和文化必定成为"创意经济"的主要资源；当"人类梦想"可能成为产品，这就预示着"创意经济"时代的到来。

因此，应该吹响整个行业内质和外延性地转向"创意经济"的"集结号"！使得中国纺织服装业和品牌们获得本质的、全球性的中国文化价值以及可持续的商业价值。

明白得早就死得慢，或者不死甚至可以借势而起。

注：该评论2008年8月29日发表于《中国纺织报·服装周刊》的头版头条。此处已有缩写。

——(张辛可自供)

毛继鸿的愿景是，如果一个外国人来到中国，问哪个牌子能够代表中国，中国人给出的答案是"例外"转引自：《长江》online

"无用"巴黎发布会，转引自：《长江》online

五、卞向阳

卞向阳作为服装理论界的青年学者，接受了系统的学院教育，从本科、硕士到博士，长期致力于服装设计史论研究。他得益于东华大学的学术基础，在晚清民国海派服饰研究方面颇有建树。卞向阳对国外品牌理论的研究与品牌鉴赏走在了国内的学术前沿。特别是他在哈佛大学高访期间，更加开拓了他的学术视野。他写的时装评论理论视角新颖，文笔挥洒自如。

卞向阳

（一）个人简历

卞向阳，时尚评论家、服装品牌和服装史专家。旅美哈佛学者、东华大学教授、伯明翰艺术设计学院特邀博士研究生导师，美国纺织服装协会（ITAA）成员。

荣获教育部"新世纪优秀人才支持计划"和"上海市浦江人才"等多个国家级和省部级项目与称号。

主要从事服装史论及时尚美学、服装品牌理论领域的研究和教学工作，出版和发表有多部论著论文及大量时装评论文章，策划和组织有多项大型服装专业活动和品牌企划活动。

著有《服装艺术判断》、《国际服装名牌备忘录（卷一、卷二）》等多部权威著作。

（二）范例

所谓评论

卞向阳

在服装圈中以笔为生的大致有两类人：一类是用笔画图的，人曰设计师，他（她）们通常是聚光灯下的骄子；还有一类是拿笔写字的，除了专业报刊的记者再就是服装理论工作者，其中如某位设计师恭维地拿着放大镜给他们看病的，大概就是被尊称或自称评论家的一群，其发表在媒体上的言论和文字，也就算是所谓评论吧。

近来收到数份北京寄来的时装报刊，内有不少关于中国服装业内评论的评论，大意无非是中国的时装评论界远未成熟、中国甚少有真正的时装评论、中国需要真正的时装评论等等，弄得袁仄先生都直呼惭愧。话说得好像都不错，其实何止是中国的时装评论不成熟，中国的服装设计、服装营销、服装品牌、大型服装活动、包括时尚媒体，甚至服装教育，有多少是成熟的？尽管中国有不少人被尊为大师,但有像费雷那样的吗?好在中国式的文字游戏很多,大师也可以分成国际性和全国性的;我们有像美国的GAP那样的营销体系吗?只能说我们在努力,我的同事蒋智威就开始拟建一个中国服装营销网,服装时报7月会做一个女装论坛;中国的服装品牌年销售20亿人民币就很好了,而迪奥2002年的销售为125.6亿欧元;中国时装周性质的大型时装活动有30多家,能列入国际服装活动排片表的有几个?而且政府工程性质居多;中国的时尚杂志《上海服饰》有70万份发行,其他的加起来还有这个数,那是因为中国人多,我们的服装专业报刊有号称大的(开版)、有得意多的(版面),但总的信息量恐怕不及美国的WWD,网络媒体就不去说它了;我所在的东华大学服装学院是国际著名时装院校联盟的副主席单位和唯一中国成员,教学计划最近也在参照国际先进经验重新修订。要求中国的评论界在这样的总体环境下首先成熟,那可能只会是早熟,换句话说,评论有赖于产业的整体环境,需要一个过程,欧洲1627年就有了第一份时装杂志《风流信使》,中国现代时尚媒体面世才十数年,评论的历史更短,还处于孩童期。

什么是真正的时装评论?难道只有数落不是的批评才叫评论吗?中国服装业的评论圈确实是一团和气,远不如文学和艺术批判来得锋芒犀利,但毕竟环境和对象不同。中国不缺设计师,号称设计师的人数恐怕不少于法国或意大利,但中国又最缺设计师,确切地说最缺有能将服装商品价值兑现的高水平设计师,作品值得数落又能为媒体看得起而见报的为数不多,何况中国人还有一个坏毛病,说的是事,看的会联想到人,在如今媒体力量异常强大的时代,把人家全说得灰头土脸甚至趴下,那接下来数落谁去?中国的设计界还需要扶植。再说服装远不如文学那样具有使命作用,它不是为了拯救人类而是丰富生活;它也不等同于艺术,它不是为进博物馆而是具有商品的一切属性,即使算艺术也是从俗的。现代时装评论的基本使命就是要通过它的解释让民众读懂设计、衡量设计是否能满足其潜在的欲望。中国的评论基于中国服装设计的现状更多地是在拿外国设计师说事,而且在一堆名片上印有时装评论家头衔的人群中,有些连廓型是什么都不懂,毫无主见抄译了事,从这一意义上说,除了有限的几位评论家的文章言谈外,能称为时装评论的还真不多。至于对社会流行的关注,那该叫时尚评论。当然,尽管依照中国服装业目前的水平好话评论属于正常,但好话也有如何听法。设计师和企业家如果听了媒体的如潮美言忽然发现自己如此伟大了得,那大概是忘了祖宗遗留下来的所谓思而后审之说。好话的背后不等同于完美,只不过坏话没有在媒体上说或者不值得明说而已,何况绵里藏针的评论还确是有不少,时装本就浮华,但华丽中人做事却不可虚浮。至于好话过头或将服装的商品特性沿用到评论圈中以红包买好话,那不叫时装评论,而且有害无益,是所谓"捧杀"。

其实袁仄老师无须惭愧,一些所谓顿悟的时装评论的评论者过去也未必有多少他们现在以为的时装评论,因为愿望和现实总有一定的距离,中国现代服装产业的历史决定了中国时装评论的现状。而且中国的时装评论界应当感到自豪,中国服装产业尽管总觉有些虚浮,但它拥有产量、出口全球第一的荣耀,评论界作出了应有的贡献。当然,中国的时装评论也应该针对过去的不足有所发展和进步,中国的服装业不但需要时装评论来去浮消肿,更需要通过时装评论强身健体,以期将中国服装文化发扬光大。

注:应《服装时报》张晶约稿,为呼应《服装时报》2002 年 6 月 21 日《没有服装批评就没有服装业的繁荣》专题(袁仄的《有关于服装批评》和孙丽英的《服装批评:长不大的孩子与凌空蹈虚》)而作,发表于《服装时报》2002 年 8 月 2 日。

——(卞向阳自供)

六、张晶

张晶是一位思维活跃的新时代知性女性,她曾担任《服装时报·设计周刊》主编,现又担任《中国纺织报·服装周刊》主编。作为服装评论刊物的策划者和组织者,近十年国内服装评论界的许多流行争论话题都与她相关,她每年写的年终盘点文章成为当年服装产业界的必读之文。她自己对服装潮流及服装业发展的评论文章见地深刻。她是一位善于寻找争论焦点的时尚编辑,又是一位文笔犀利的评论作者。

张晶

(一)个人简历

张晶,中国十佳时装评论员,毕业于东华大学服装学院,服装设计师。

后"弃武从文",曾担任中国国际时装周评委,现任《中国纺织报》服装周刊主编。

个人语录:找到我就是你最大的新闻。

（二）范例

谢锋的光芒刺痛了谁？

—— 写在谢锋第一次在巴黎时装周展演后

张　晶

记得谢锋说过，他们这一代中国设计师注定了要成为中国服装产业的铺路石，而今，他站在了巴黎时装周光耀的舞台上，站在了无数设计大师站在的高度，他的这颗铺路石直接把自己送到了顶峰，不管以后会有多少中国设计师再次风光于此，谢锋这个圆梦"第一人"的位置显然已经无人能够撼动了。

然而，相对于国内外媒体的一片哗然，中国的服装设计师们选择了集体沉默。甚至在私下场合都讳莫如深，只是，偶尔，会有一两个很熟的设计师表示关心的问一句：你们专业媒体和专业评论员对谢锋作何评价？

可以说，谢锋的功力是从他的吉芬才被人们认识的，尽管他有着非常显赫的海归派的地位和派头（曾经在 KENZO 任设计师），但是，在吉芬之前，他的经历并不足以让他的才能得以最大程度的发挥。还好，谢锋最终选择了一个设计师最直接的出人头地的方法，创办自己的品牌，并为她加进自己全部的想象和激情。谢锋是幸运的，他的品牌，他的风格和他的人能够在一个理想里得以统一。

但相对于张肇达、王新元、吴海燕等这些个人特色鲜明的设计师来说，谢锋在整个业界的调子并不高，这个帅帅的高大男人，眼睛却总是朦胧，给人的想象是幽默，深沉，文雅，从来不会惹是生非。

但是，谢锋这次却不由分说地成了众矢之的，尽管他的巴黎之行被很多媒体定位得有点铁肩担道义的味道，尽管很多有着行业责任感的时装评论家认为谢锋为中国设计正了名，但，谢锋的光芒

"中国时装必须坚持实用主义哲学"设计师谢锋在巴黎时装周上谢幕

还是让很多人无所适从，甚至黯然失色。

　　首当其冲的就是中国的设计师团队。虽然没有一个设计师会承认自己有"文人相轻"的心理，但他们对谢锋的评价却大多不愿谈及作品本身，无论风格，无论结构，无论气势。零星的赞许是：谢锋让中国服装设计师找到了集体自信，他们认为，他们当中的任何人如果愿意花足够的钱在巴黎都能够做得和谢锋一样好或者更好，只是他们不愿意花这个冤枉钱罢了。相比之下张肇达多年来在中国似乎形成了更大的大师气场，几乎他的每一场时装秀都让设计师同行们感叹：要么风格，要么结构，要么气势，但张肇达在自家的花园里拿了两次金光闪闪的金顶之后，却突然发现自己窥觎了并且培育了很久的目标被别人首先占领了。

　　另外还有一些同级别的女装品牌，白领，东北虎，它们比吉芬早2年就在中国时装周上争夺眼球，而它们在秀场的投入和精致上像极了国际大牌，对于苗鸿冰来说，他的缺憾是缺少一个能够和谢锋比肩的设计师，而且短期内，在以他为核心的白领里很难再容得下一个谢锋似的人物，除非寻找外援，如果那样，白领也可以在中国的时尚领域拿一个头筹，但能否融合得好却是一个更大的问题。相比之下，张志峰是不缺第一的，他除了拥有中国第一奢侈品品牌的名头以外，同时还兼有设计总监的头衔，你不得不承认，他是具有偶像魅力的，对于一个设计大师来说，这一点也非常重要，而且，走进世界五大时装周的舞台也是他首先在中国国际时装周上公开提出来的。但正像他提出的中国式奢侈一样，巴黎这个摆在他战略层面上的一步棋，被谢锋抢了一个先手。

　　有很多国外评论员和买家好像还在寻找他们熟悉的紫禁城似的中国风格，这不得不归功于中国前几批出国展演的设计师们，是他们在国外为中国服装设立了某种固定的模式，谢锋的功劳之一就是打破了这种八股文一样的风气，但这并不是谢锋成功与否的标志。

　　此刻，谢锋是否具有影响世界时尚的独到风格就成为评价他成功与否的主要尺码，一个能够站在巴黎时装周舞台上的设计大师是要有自己鲜明的特色的，绝不是花钱做秀那么简单，也不是瞬间或者仅仅一年的风光就可以了，世界上几个大的时装周从来都是少数资本大鳄的长期天下，谢锋能够在世界舞台上坚持几年，倒是一个他此刻最应该思考的问题。我想，这也是张肇达们，张志峰们，苗鸿冰们迟迟不走出去的唯一理由，谁能够具有一个长期的能量储备，谁才能真正在国际舞台上发光。

当然，这一点，谢锋比谁都清楚，还好，他是一个浪漫主义商人，他在巴黎完成的绝不仅仅只是因为不甘于铺路石的角色，而要生硬地去圆一个国际大师的梦想，要知道，所有的流行背后都是一场商业阴谋。但不管怎样，他还是用一己之力为中国的服装设计之路铺就了一座通往巴黎的鹊桥，尽管，这个鹊桥可能是短暂的，虚幻的，瞬间的，但"金风玉露一相逢，便胜却人间无数"。谢锋做到了他所能够做到的。

——（张晶自供）

七、田占国

田占国

田占国是一位平实而又勤奋的服装编辑与记者，他不谙市俗之事，却又游走于时尚这个名利场。他担任《服装时报·设计周刊》主编，秉承了周刊一贯的文风，针砭时弊，评论风潮。田占国作为编辑，他既是服装界争论话题的组织者，同时也是参与者。他写的评论，文风独特，看似无厘头，实则语意深刻。

（一）个人简历

田占国，晋人，驴脸、硕耳、阔额、小眼，有须几根，多杂色，有辫一条，类女人，万幸，还是男人。

幼起叛逆，无同类，少不更事，从百业。混迹大学，幸无恶迹，转于时尚，亦无所成。虽得师长面聆耳悌，朋友推波助澜，仍难完事，游于时尚文化间，脱离企业品牌之外。幸，万事唯用心，未失良心，仅此以记。

（二）范例

走出神化

田占国

在时尚圈这个名利场谋生存，用时装和美女展示自己的思想和才华，时装设计师不可避免地被扣上了各种冠冕堂皇的帽子。不管这帽子该不该戴、合不合适，具有某象征意义的帽子，总是能在表面上给人以特定的身份说明。有一顶帽子，所有的时装设计师都不会舍弃，其名字叫做"时尚流行的缔造者"。

所谓的缔造者，大抵是和女娲、上帝一类的神话中人物有相同的功能，从无到有能创造出某个物件来，时尚和流行也应该不例外。这样说来,时装设计师的身上突然多出些仙气来,从各种人等嘴里吹出来的五彩祥云把设计师们高高地托起,接受大众的膜拜,在这样的高度,无论是谁都不免会飘飘然起来。

和神话中的人物一样,时装设计师仅仅在某些特定的场合、时间才会接受膜拜,听点掌声、收点鲜花什么的,除此外的其他时间在干什么,大众不用也无从知道,这完全符合注意力学说的论调。

而生理学家却说,在物质条件极为丰富的今天,一种人的劣根性在滋长,便是窥视癖,这可以从网络和各种近年来火爆的电视节目中证明。按照这种说法,时装设计师们的平常生活,应当足以让穿着他们作品的众人挖空心思去了解的,而事实上,此类事情几乎没有,更不用说出现像那个为见刘德华连父亲都能逼死的狂人疯事。于是,就有人说,设计师们的知名度不够,也有人开始呼吁,要塑造设计师的偶像效应,以带动消费的产生。

就目前的中国时尚界而言,这种呼声是应该出现的。

没人去狗仔,也就少有人明白,时装设计师们也是正常的人类,吃喝拉撒的日子也一样过着,甚至还苦得很。虽说而今,软硬件都好些了,赚的钞票也多点了,抛头露面的机会也不少了,但谁知道他们从台后走到台前接受鲜花掌声,需要熬几个通宵掉几许黑发费多少口舌死多少脑细胞?单说他们赚得那点子钱,也和大家一样是累死累活的辛苦钱,还要揣测着消费者的心情,琢磨着老板的脸色,平衡着同事间的关系,照顾着客户的需求,怎一个难字说的清楚?

还有让很多人羡慕的一点,设计师可以经常和美女帅哥在一起,想想都很美,殊不知,多漂亮的人看多了,也会产生审美疲劳的,也会有受罪的感受。

现在时装设计师这个队伍壮大了,老百姓也开始知道这些留着长发行为怪异的人究竟是做什么的,可这碗饭却是越发地难吃了。人多必然带来竞争,更不用说国外的同行们也看上了中国的这块蛋糕,一窝蜂挤进来抢,虽说中国市场这蛋糕大吧,可是也架不住这么个分法。于是,设计师们开始对这碗饭深入细分、细嚼慢咽,用专业的姿势去吃出滋味来。

这也是好事,大家的素质被逼着都提高了。

——(田占国自供)

八、李超德

李超德长期从事设计艺术理论研究与教学,其文字风格洋洋洒洒,颇为流畅,但有时话题选择过于沉重。他善于以固有的理性

李超德

将时尚中的虚无与矫饰涤荡殆尽，以犀利的笔锋和尖锐的披陈不留情面予以揭露和点评。业内不乏批评者，但他从不以笔纸作为回击武器，在与他观点相悖的批评者面前从容不迫，化严酷的现实为风雅的大从容与大自在，从而也造就了他"罂粟花"般独特的个人魅力。他是位睿智且勤思的学者，既善于在学术细题中披沙拣金，更能于思想理念上骋思高远，走在时尚理论的前沿。

（一）个人简历

李超德：男，1961 年出生，现任苏州大学艺术学院院长，教授、博士生导师、院学术委员会主任，江苏省教学名师。毕业于苏州丝绸工学院工艺美术系。

长期从事设计艺术理论研究与实践教学。出版专著《设计美学》《体验视觉》，完成书稿《服装评论》《服以载道——中国服装设计文化研究》。参与完成大型学术著作《中国衣经》《文明的轮回》《中国历代染织绣纹样研究》编委和撰写工作。先后在《装饰》、《美术观察》《美术研究》等刊物上发表学术论文 50 余篇。撰写艺术评论 70 余篇。

2005 年度被《中国纺织报》评为对中国服装设计事业产生重要影响的十位教授之一；多次应邀担任 CCTV 以及其他国际国内服装设计大赛评委。教学科研之余坚持绘画创作。

主要社会兼职：

中国美术家协会会员、服装艺委会副主任。

教育部美术类专业指导委员会委员。

教育部纺织服装专业指导委员会委员、服装专业指导委员会副主任。

中国流行色协会色彩教育委员会副主任。

中国服装设计师协会常务理事、学术委员会主任委员。

亚洲时尚联合会中国委员会理事。

上海国际时尚联合会副会长。

中国美术学院染织服装系客座教授

苏州市文联委员。

（二）范例

"江湖"之外

李超德

在服装周刊创刊时，我写了一篇《奢谈大师》的稿子，听说在业界引起了讨论，可能正因为如此，在服装周刊一年生日的时候，他们又找到了我。而我这次却想讲讲"江湖"之外的事。

偶然的机会，看见江苏宜兴一位不大知名的老画家张志安在其画上有一题跋："本无鲲鹏志，何处不悠然。"猛然间好似找到了知音一般。前不久在一大型画展上，遇见一熟识的记者，她非常惊奇地问道："李老师您原来也是画家？"其实我是拿起了久违的画笔回归到了本我，画了一幅六尺宣的长条型人物立轴参加展览，图中人物为古代高士四人，背有一棵老松，并题有"憔悴天涯，故人相遇情如故"，喻意老友虽天隔一方仍情意浓浓之心境。回归传统意境似乎成了我近年来的心灵归宿。

原以为，时尚界有此心境之人不多，仅有包铭新老师等少数几人真有此雅兴。包老师走在时尚边缘的超然态度，已使我佩服得五体投地。不想近来与几位老友稍加沟通，居然全数陶醉于传统的人文情怀之中。

唐炜曾几何时，是时尚界风头劲健的名师，由于不谙世事与"金顶"奖擦肩而过，就此退出服装圈，沉寂多年。新近去常州专访，他那数百平方米的工作室中俨然是一座工艺美术博物馆。唐炜穿一身红衣，脚套布鞋，如数家珍般一件件将收藏的当代工艺美术大师之陶瓷、紫砂作品介绍给我。可谓藏品丰富，品质高档。唐炜除了足不出户在家把玩这些珍玩外，还经营一家颇具规模的盛唐创意工作室。多数客户是冲着他的名气自己找上门来，而且多不还价。生意上的赢利又被他投入到当代名师工艺美术作品的收藏上。唐炜常挂在嘴边的一句话颇耐人寻味："时尚圈太功利、太浮躁了，我是淡出江湖"，"还是搞搞这些东西是真的。"

王新元自从北京迁居上海，京城时尚圈已经基本不见其踪影。他每日除公司的日常事务外，打打高尔夫、打打牌。再就是每日苦练书法，韬光养晦。新元和我不一样，他是有鸿鹄之志的，然而终究不能拗过市俗的潜规则，只能空有一腔《把服装看了》的壮烈豪情。说到新元，有编辑约我写一篇评王新元的文章，苦思数月，无从下笔。一是新元的走向现在给予判断为时尚早；二是我俩二十多年的同学关系，担心为友情而惑，进而丧失评论文章的批判性和理性思辨。新元练书法已经到了入迷的境地，他遍访江、浙、沪的书法名家，讨教书艺。走进他位于上海虹桥虹许路的办公室，大班台已经铺上了羊毛毡，右侧的榻床上堆满了宣纸，墙上挂满了新近的书法作品。我在他办公室随着手涂抹的一幅四尺横幅三人高士图，被他

王新元:《把服装看了》封面

装裱并题跋挂于墙上。

每次有学术活动，与袁仄、赵伟国等晤面，也大都谈些收藏的事。袁仄学长每到一地，古玩城必去，收藏重点自然与服饰有关，各种服装、绣片、饰品，使他常常有意想不到的收获。近几日，和业内人士谈及袁老师，我给其定位，可以以"先生"相称，可以谈"史"，能够谈"史"，足见在行业内已有相当地位。伟国兄虽说仍然驰骋设计第一线，但他收集古玩的心情，已经显示其超然的态度。

十一月乘在中央电视台作模特大赛评委之机，约一位媒体的好友晤谈。不想席间谈话的出发点和态度尖锐对立。友人称我人生态度消极，时尚媒体正缺乏如我以往的另类声音，缺乏有学术水准的独立的评论。但是，我却以为，面对服装设计界我是矛盾的，一方面科学技术飞速发展，人民生活水平日益提高，生活的方方面面越来越国际化；另一方面，又不得不承认，时尚界是一个"人文无知"的围城，在这里有的只能是实用和功利性极强的倾轧。用金钱堆砌起来的那种微笑让人从心底里有意志被强暴了的感觉，所谓时尚派对上的杯盏交错也显得如此的虚伪和虚幻。那次的晤谈，我和好友说到了王国维的学术三境界。今年没有去北京观摩时装周，固然有身体不适之原因，更大的原因却是毫无置身于浮华场景的冲动。回想王国维学术境界中"昨夜西风凋碧树"的苍茫与感慨，自然也有几分"独上高楼，望断天涯路"的悲壮心情，从而无意如赶集般混迹其间。

说到此间，想着这么多设计名流回归传统人文意境意味着什么，不外乎三个方面的含义。其一，中华民族传统文化博大而包容力极强，游历其间自有无穷的快乐；其二，面对人文精神和慎独意识的缺失，在惬意和虚静的态度中找到了意志暂时的歇息；其三，做一个旁观者未必不是一件好事，用心去思考潮流的演变和人去人来的历史脉动。或许是为将来做一种深层的积淀。当王新元和唐炜以及其他的设计名流们能再次站立在T台前沿时，他们将以真正的否定之否定而重塑一个崭新的自我。

旧的一年已经过去，时装周又造就了一批新名师，新人们照样做着时尚的热梦，照样地豪情满怀；时尚记者们照样地一夜惊叹秀场的惊艳，报纸杂志照样地送你一个"之父"和送他一个"大师"。新人一辈辈出，面孔一个个新，这或许就是时代的进步。

作者闲暇之余，想提示的却是，服装设计界需要"风花雪月"，服装设计界更需要独立的理性思辨，要不然真是一个无知的围城。

——原载《中国纺织报》

附录二　其他评论家和评论作者

　　服装评论在中国是一项既古老而又年轻的事业，在近三十年的发展中许多人为此作出了贡献，有的已经淡出评论界，如聂昌硕、袁杰英、潘坤柔、史林等老一辈评论家，他们正值壮年时，写过许多优秀评论。还有许多人曾经是或现在还是服装评论工作的组织者、实践者和评论工作者。正是有了他们的努力，中国的服装评论才有了发展的空间。

　　（排名不分先后、据不完全统计）

　　王　庆：现任中国服装设计师协会主席，国内许多服装评论活动的组织者。

　　李当歧：清华大学美术学院党委书记、教授、博士生导师。

　　刘元风：北京服装学院院长、教授、博士生导师。

　　魏　林：中国社科院经济学博士，曾任《中国服饰报》总编辑，现任中国纺织工业协会《中国纺织》出版人。曾经是中国服装设计师协会评论委员会召集人，做了大量评论委员会的基础性工作。

　　孙　毅：曾任《服装时报》常务副总编辑，现任《中国服饰报》总编辑。

　　陈建辉：东华大学服装与设计学院副院长、教授、博士生导师。

　　吴　洪：深圳大学艺术与设计学院副院长、博士、教授。

　　张　星：西安工程大学服装与设计学院院长、教授。

　　徐青青：西安工程大学艺术工程学院院长、教授。

　　张　莉：西安美术学院服装系主任、教授。

　　惠淑琴：鲁迅美术学院服装系主任、教授。

　　肖文陵：清华大学美术学院服装系主任、教授。

　　钱丹丹：现任北京电视台时尚节目制片人，资深时尚节目策划者。

　　李　正：苏州大学艺术学院院长助理、副教授。

　　张京琼：江南大学纺织服装学院副教授，在近现代服装史和服装评论方面深有研究。

　　崔荣荣：江南大学纺织服装学院副教授。

　　小　爽：原广州电视台时尚节目主持人。现从事海外时尚活动交流工作。

毛立辉:《中国服饰报》记者站地区负责人,撰写过大量评论文章。

刘　萍:原《中国服饰报》资深记者,撰写过大量评论和报道文章。

苏铁英:《中国纺织报》资深记者。

甄　曾:北京服装学院教师,资深评论家,写过大量评论文章。

胡　月:北京服装学院教授,资深评论家,写过许多优美的评论文章。

苏永刚:四川美术学院服装系主任、教授。

尹　岩:曾任《ELLE——世界时装之苑》总策划,资深时尚媒体策划人。现已淡出。

孙行华:原《时装》杂志记者。现已淡出。

宋喜岷:《中国纺织报》编辑、记者。多有美文。

王春潇:中央电视台国际频道《中国新闻》记者。

胡　柳:新华社编辑、记者。

崔　霞:中央电视台新闻部编辑。

王　泓:《今日民航》杂志执行主编。

王彤晖:《中国服饰报》流行导刊主编。

王韶辉:《时装》杂志编辑主任。

刘　蛟:《中国纺织报》产经二部主任。

刘战红:《中华工商时报》纺织服装服饰版主编。

冷雨璇:《时尚芭莎》杂志时装策划总监。

李懿靓:《北京娱乐信报》编辑。

陈　峻:《北京青年报》时尚版编辑。

巫倩姿:《新京报》记者。

范晓蔓:《华夏时报》经济新闻部主任。

钱玉华:《名牌时报》周刊主编。

蒋　蕾:《中国纺织》杂志副总编。

阚洪洁:《精品购物指南报》时尚编辑。

区志航:原广东卫视《时尚放送》栏目监制,先锋摄影家。

王小琳:天津电视台《时尚》栏目制片人。

史　劲:北京电视台《魅力前线》。

彭　勇:广西电视台频道总监。

冉晓宁:新华网《时尚频道》执行主编。

孙　源:人民网《文娱频道》主编。

沈小宁:腾讯网《女性频道》主编。

　　张晶于 2010 年 4 月 7 日在《中国纺织报》写了一篇介绍年度服装评论员的文章,列举了近年来有影响的十位服装评论者,因为工作的关系,张晶对他们的了解比作者更清晰,所作的介绍也可谓细致而精采。也许张晶的文章可以从另外一个侧面了解媒体人对服装评论家的认识,算作是这一小节的补充。

　　附文

十佳服装评论员

(张　晶)

　　如果说仅仅站在某一个媒体的角度上来讲中国时装评论员,难免会被人认为有失偏颇,所以,要做得十分公正,并且让人信服,就一定首先要立一个标准。一个时装评论员是否有名,第一取决于他是否具有评论精神和评论实力, 也就是他是否十分爱惜自己所发出的每一个声音以及他的声音的影响力;第二取决于他所依附的媒体是否具有权威影响力, 也就是这个媒体是否能够放大他的声音。摆在我们面前的一个事实是:中国具有评论精神的时装媒体很少,因而,这次我们推举的标准是具有评论精神的时装评论员个体,至于那些仅仅因媒体而"名"的时装评论员,可能不会成为未来时装评论的主流。

　　苏铁鹰:《中国纺织报》记者。在中国服装专业媒体里,苏铁鹰属于元老,不但是中国纺织报社的资深记者,更是中国服饰报的创始人之一,同时也是中国时装评论界的一棵常青树,她的性格直率如她文章的风格,言简意赅,几句话即切中要害。这种性格使得她在圈中形成了一定的势力范围,每个记者云集的场合,只要有她出现,她都会自觉不自觉地成为人们关注的焦点。她的影响力在于服装品牌们愿意倾听她的意见并且认同她在媒体上为品牌所做的风格定位和品牌评述。同时,每一个重要的采访现场,她都能够敏锐地捕捉到新闻的关键,并且以现场新锐的提问和观点鲜明的文章见长。她的涉猎范围广泛,对产业策略、市场营销以及品牌风格均较为擅长。最为关键的是:多年的工作历程并没有抹煞她的工作热情和对时装评论的执著, 她的文章反而越来越成为一种理性的主流声音。

孟庆丽:新华社记者。每一个业内大的新闻事件现场,都少不了新华社这个响当当的名字。似乎只要有这个名字出现,该新闻就有了某种高度。可以说,孟庆丽是因此在业内闻名的,但认识了她的文章并接触了她的人品以后,你会从孟庆丽身上更加深深地感觉到新华社这个标牌的意义。孟庆丽是一个非常有个人魅力和深度的时装评论员,她对中国纺织服装的评论客观而深刻,一点都看不出是出自一个女人之手,这可能就是新华社风格,但人们更愿意把孟庆丽的评论作为纺织服装领域的某种标准。

就像有名了的时装评论员会挑剔一些新闻素材一样,孟庆丽在服装领域出现的次数变得越来越少,当然,这其中也包括新华社内部的工作安排。但在每次中国纺织服装重大的新闻事件中,我们还是会看到孟庆丽的影子,比如:今年的关于欧美对中国纺织品设限的重大报道中,我们又可以看到孟庆丽独到的笔锋。事情是这样的,知名时装评论员往往出现在重大的新闻现场。

孙哲:《世界时装之苑——ELLE》编辑总监。目前,中国时尚杂志三足鼎立的局面已经形成,《ELLE》《时尚》《瑞丽》,当然,《Vogue》由于初来乍到,它的价值还处于理论的评估当中。孙哲作为新任《ELLE》杂志编辑总监,一直被业界广泛关注,同时也是时尚产业的观察者和评论者。长期以来,为时装杂志撰写时装评论专栏,出版过评论集《时尚没什么大不了》,并同时关注城市生活,在台湾《时报周刊》开辟《城市物语》。孙哲是一个比较有评论态度的时装评论员,而且,在他的文章里有一种俯视大牌的味道,这可能是一个时装评论员比较积极的心态。但目前杂志有向金钱屈服的趋势。

彭嘉陵:《人民日报》记者。彭嘉陵是中国纺织服装评论领域的又一个标杆,有些人害怕她,可能是因为《人民日报》的名头,其实,更多的是她经常会提出一些让当事人无法意料的问题,而且,她的问题往往切中时弊。当然,人们并不会考虑《人民日报》上的时装评论到底说了些什么,他们更加关注的是:谁上了《人民日报》,这对品牌的招商和政绩有什么好处。彭嘉陵经常会笑着说:我是看着谁谁谁长大的,而她说的那个谁谁谁很可能就是某某报纸的总编,但没有人把这些当作一种炫耀,因为,从她的嘴里说出是那样的恰如其分。她也是一个近年来很少出现的时装评论员,但由于她的影响力依然在服装领域蔓延,使得人们想到《人民日报》就会想到她,至今没有什么人可以代替。有什么比这个更能说明问题的呢？

丁镇：《流行在线》出品人。有人认为时装评论领域太肤浅了，因而，很少有男人会喜欢这个行业，但有一个男人却是不得不提的。他就是丁镇，现在的多媒体杂志《流行在线》的出品人。丁镇在圈内的有名要从一篇文章《服装设计师的细说与戏说》说起，这篇文章奠定了他在中国时装评论领域的地位，很多现在成名的记者都因此称呼他为大侠。其实，在这以前，丁镇就已经在中国的各个主流服装城市建立了自己一批非常忠实的读者群，而且，这些读者都是业内非常有名的策展人和商人。但当时，在有些清高的时装评论界，是有些不屑于这样的农村包围城市的做法的，他们言必称加里亚诺，或者范思哲。没有想到丁镇的一篇关于设计师的文章使得整个时装评论界沸腾，事实上，很多讨论是从那篇文章开始踏上正轨的。

田占国：《服装时报》记者。田占国的理想几乎没有人能够看透，事实上，他给人的感觉是一个不关乎名利的人。甚至具有稍许的牺牲精神。但很多设计师喜欢他，愿意把心里话告诉他，甚至他们可以在一起泡吧，漫无边际地闲聊。这些似乎都是田占国成功的理由。他的手里有着大把一线的素材可用，这是很多记者梦寐以求的。有人说，田占国的评论难懂，而这恰恰成为了他的风格，他的文章里可能没有现在时髦的词汇与语法，也没有为了拨弄人们的心弦，而颇费工夫的浪费笔墨，他的文章是给看得懂的人看的。有一天，田占国失语的时候，要么就是这个领域远离了他，要么就是他离这个领域太近了。

李宝剑：《时尚》杂志编辑。有人说时尚杂志是给那些为了消遣的人看的，因而，他们更加注重的是图片说明，他们把这称为杂志的读图时代。但时尚的读者可能并不这么认为，他们是来寻找观念的，他们要看到自己喜欢穿这件衣服的理由。因而，时尚的时装评论变得尤为重要。而且，更为重要的是，他们不但要把自己的理念写出来，还要拍出来。李宝剑，虽然是负责服装服饰的编辑，但在中国时装评论的主流圈子里并不多见，他甚至都不怎么参加中国一些本土品牌的发布会，《时尚》真正关注的是国际大牌。所以，在李宝剑的眼睛里，时尚是创造出来的。而一本杂志对于时尚的影响力决不亚于那些知名的设计师。

钟和晏:《三联生活周刊》编辑。写国外设计师比写国内设计师好写多了,而且,还会更有看点。钟和晏的时装评论在直观上可能正是讨巧于此,在她的文章里有一种在现实与理想之间游移的意境。而这种意境是精细的专家和看热闹的读者都无可挑剔的。更为关键的是时装评论在她这里可以变成一种痛快淋漓的事情,对于一个评论者来说,天下有什么比这个更为舒服的呢?而对于读者来说,有什么读书的感觉比这种愉悦更为同乐乐的呢?何况同时还能够了解到很多大牌的内幕。

刘蛟:《中国纺织报》记者。刘蛟的理想是写在脸上刻在心里的,年少,睿智,他的文章具有导师袁仄老师的风采,连性格也好像师从一人。在中国时装评论界,他应该是时装评论科班出身并具有硕士学历的少数几个人之一。而他的性格和对于文字的偏执终将会使他成为中国时装评论界的新锐派代表人物。

一个重要的时装评论员的态度很重要。有时他对流行的解读力度会比一个设计师的力度更大。而能够对于很多新闻作出不一样的评论更是他能够快速被整个业界认可的主要理由。对于赞扬的话,你可以看看别人怎么说的,而如果要看中肯的评价或批评,你一定要听听他的。

诸葛苏佳:《Vogue 服饰与美容》服装编辑。《Vogue》的定位与其他相关时尚杂志不同,相比起来,它更是时装杂志,而且,他们也一直坚持这个定位。由于它在整个世界的影响力和口碑,使得人们相信它的到来将成为时装评论人才争夺的一场风暴,但这场风暴并没有那么猛烈,甚至用温和都称不上,它只是悄悄地完成了它的整个团队的组阁。而它留给人们的只是一个神秘的封面。诸葛苏佳是《Vogue 服饰与美容》的服装编辑,自从服装设计专业毕业后,就一直在各时尚杂志工作,因为超爱时尚,所以即使忙得要死,也还是无比开心满足,这可能就是服装评论员的一个通病。作为《Vogue》的服装编辑,她的身上有着令人艳美的幸运,每年可以去巴黎、米兰、纽约现场观看各大一线品牌的 FashionShow。对于国外大师和流行趋势,她的话语权来得更加直接和有效。

——转自《中国纺织报》

后　记

　　持续多日的高温,把原本清凉和悠闲的苏州城烤得异常炎热。自然也没有了"风花雪月"和"闲适小日子"式的写作心境。服装评论的那种轻松、散淡心情自然也无从谈起。重庆大学出版社的几位老师放假前来苏催稿,让我不安的心里又平添了几份忐忑。书稿完成后拖了近一年,终于在这个夏天给了一个最终结果。似乎也免不了俗套要写个后记,有几句话要说。

　　这部书稿的撰写,源于我们学院开设的一门课。因为很久以来,我们在硕士研究生和本科生中一直开设一门叫做《服装评论》的课。这门课开始由史林教授承担,她是老一辈服装教育专家,她为人师表,严以律己,风度绰然,在业内具有广泛影响。史林教授退休以后,这门课又由缪良云教授短暂教授过。缪良云教授是服装理论界知名专家,出版过多部重要理论著作。他们两位是我国服装教学的前辈,是我的老师,在我的学习生涯中,深受他们的影响。因为我早年常写服装评论,当这门课出现空档的时候,我院原设计艺术学科带头人诸葛铠教授在规划研究生课程时就把这门课程的任务交给了我。或许诸葛教授已经不记得他对这门课程所提的许多建议和意见,但对我而言受益匪浅。

　　我对艺术理论研究的兴趣是在当年诸镇南教授的《艺术概论》这门课上形成的。至今诸镇南教授讲课、写文章的思路与风格仍然影响着我,也注定了我一生学术研究的走向。当然,《服装评论》这门课由我接手的时候,已经成为硕士研究生的一门选修课,没有相关的教材,没有现成的讲课提纲,讲课过程多少受文艺和艺术评论学科体系的影响。我虽然作了一些归纳与整理,但仍留有明显的艺术理论课程的痕迹。由于当时研究生数量较少,所谓的课也就是两三位学生面对面地讲授与交流,讲课的形式也比较自由。很长一段时间,我是以事件、事例、设计师、时尚潮流为切入口,相互讨论,有时甚至各找一本时尚杂志,要求学生对这本杂志的特性、评论风格、流行风尚作出自己的评述。然而,当研究生数量增加,并将《服装评论》置身于学术研究与文本范式框架的时候,就出现了尴尬的境地。那种在写服装评论时的轻松自由与怡然自得全然没有了,一种逻辑的、学究式的思维马上呈现在眼前。等到重庆大学出版社艺术设计编辑室周晓主任来我院约稿之时,我手头的讲课稿还处在无序状态,虽然经过多年讲授,提纲性的语态实则多于理论阐述,范文的引用也大多直接取之于书刊,并没有做详细的归纳。领受任务之后,我邀请了我的学生张蓓蓓加盟,因为她在硕士研究生阶段所表现出来的认真、勤奋与对服装理论的领悟能力给我留下深刻印象。我们共同商讨了这部书稿的提纲,她提出了许多有益的想法,我最终草拟了编写大纲,并将原有的讲课稿进行了较大规模的增与减,使其更符合学术著作的规范。张蓓蓓按计划完成了许多重要章节的初始文字。在此基础上,我们师徒二人又进行了大面积的修改。可以说这部书稿是我们俩人共同完成的。这里需要提到的是束霞平,他不仅是张蓓蓓的先生,也是我的学生,我的文稿有许多是他打印完成的,他和张蓓蓓同在攻读在职博士,可说是事业上的同林鸟和同工茧。

这部书稿开始是以教材的名义撰写的,但在编写大纲出来之后,编辑认为书稿框架实际上已经含有学术著作的特征。《服装评论》或许没有能达到初始构建起的理论框架要求,但我认为至少为我一直研究的"设计批评"提供了某种思路,也可以说是我"设计批评研究"中期项目的铺垫。这本书稿最理想的结局是既能作为教科书用,又能为服装时尚界的各类从业人员提供某种理论参考并从中得到启发。

书稿完成之时,我要感谢苏州大学副校长田晓明教授和人文社科处处长袁勇志教授,是他们支持将《设计批评研究》立项成为苏州大学 2008 年度哲学社会科学人文项目 (BV105801),并使《服装评论》一书作为最终成果得以体现。我要感谢好友包铭新教授,由他著作并送我的《时装评论教程》一书给了我诸多启发与借鉴,他可能是当今第一位比较系统著述"服装评论"的理论家;我要感谢服装界和媒体界的许多朋友,是他们丰富了我的人生经验和学术思想;我要感谢我的同事,虽然我无法一一点出他们的姓名,正是有了他们的信任和鼓励,才有了写作的信心和对服装评论事业的追求。特别是在最近的"熊猫秀"事件中，他们给了我无穷的智慧和力量，他们中的许多人甚至收藏了许多我写的评论文章；我要感谢编辑周晓、蹇佳、张菱芷，他们为本书的出版提出了许多宝贵意见，使书稿增色不少。

最终我要感谢我的家人，是她们让我这个散淡之人生活无忧，给了我精神和行动的支持，并且沉浸在一种身心自由的状态。

写这部书，对我们两位作者而言都是挑战，这不仅有知识的、艺术的、设计的和时尚生活的体验不足，而且还有时间性打磨不足，所以错误难免，还望同仁不吝指教。

李超德
2009.7.19 写在姑苏城东金鸡湖畔

参考文献

[1] 尹定邦.设计学概论[M].长沙:湖南科学技术出版社,2000.

[2] 包铭新.时装评论教程[M].上海:东华大学出版社,2005.

[3] 谢东山.艺术批评学[M].台北:艺术家出版社,2006.

[4] 姚一苇.艺术批评[M].台北:三民书局,2005.

[5] 潘凯雄,蒋原伦,贺绍俊.文学批评学[M].北京:人民文学出版社,1991.

[6] 沈宏.衣仪天下[M].北京:中信出版社,2005.

[7] 胡月.设计师与服装[M].上海:中国纺织大学出版社,2000.

[8] 胡月.轻读低诵穿衣经[M].上海:中国纺织大学出版社,2000.

[9] 袁仄.人穿衣与衣穿人[M].上海:中国纺织大学出版社,2000.

[10] 王新元,祁林.把服装看了:王新元访谈录[M].上海:中国纺织出版社,1999.

[11] 赵化.女人华衣——世界顶级女装品牌[M].北京:中国纺织出版社,1998.

[12] 珍妮弗·克雷克.时装的面貌[M].舒允中,译.北京:中央编译出版社,2001.

[13] 李子云,陈惠芬,成平.美镜头——百年中国女性形象[M].珠海:珠海出版社,2004.

[14] 时影.民间时尚[M].北京:团结出版社,2005.

[15] 尤·鲍列夫.美学[M].冯申,高叔眉,译.上海:上海译文出版社,1988.

[16] 豪泽尔.艺术社会学[M].居延安,译.上海:学林出版社,1987.

[17] 潘凯雄,蒋原伦,贺绍俊.文学批评学[M].北京:人民文学出版社,1991.

[18] 吴卫刚.服装美学[M].北京:中国纺织出版社,2004.

[19] 李超德.设计美学[M].合肥:安徽美术出版社,2004.

[20] 戴碧湘,李基凯.艺术概论[M].北京:文化艺术出版社,
1996.

[21] 刘运好.文学鉴赏与批评论[M].合肥:安徽大学出版社,
2002.

[22] 赵振宇.现代新闻评论[M].武汉:武汉大学出版社,2005.

[23] 李德民.评论写作[M].北京:中国广播电视出版社,2006.

[24] 胡文龙,秦珪,涂光晋.新闻评论教程[M].北京:中国人
民大学出版社,1998.

[25] 涂光晋.广播电视评论学[M].北京:新华出版社,1998.

[26] 张利群.文学批评原理[M].桂林:广西师范大学出版社,
2005.

[27] 凌晨光.当代文学批评学[M].济南:山东大学出版社,
2001.

[28] 蒂博代.六说文学批评[M].北京:生活·读书·新知三联
书店,1989.

[29] 贺兴安.评论:独立的艺术世界[M].武汉:长江文艺出版
社,1990.

[30] 李德民.评论写作[M].北京:中国广播电视出版社,2006.

[31] 张京琼,钟铉.浮世衣潮之评论卷[M].北京:中国纺织出
版社,2007.

[32] 李渔.闲情偶寄图说[M].王连海,注释.济南:山东画报出
版社,2003.

[33] 迪迪埃·戈巴克.亲临风尚[M].法新国际时尚机构,译.长
沙:湖南美术出版社,2007.